U0341207

电气控制实用技术

卢香平　主编

北京理工大学出版社
BEIJING INSTITUTE OF TECHNOLOGY PRESS

内 容 简 介

本教材的编写来源于实际课堂的教法改革，将理论与实践相结合，项目由浅入深，不断提升学生发现问题、解决问题的能力。本书包括 5 个项目 10 个任务，其内容包括工作台的控制电路设计与安装调试、物料运输系统控制电路的设计与安装调试、水泵运行系统控制电路的设计与安装调试、洗衣机控制电路的设计与安装调试、自动运料上料传输系统控制电路的设计与安装等。

本书既可供高等院校、高职院校的电气自动化、机电一体化、工业机器人等相关专业教学使用，也可供相关工程技术人员参考使用。

本书配套电子课件、微课，视频的教学资源以供教学使用。

图书在版编目（CIP）数据

电气控制实用技术 / 卢香平主编. --北京：北京理工大学出版社，2021.11

ISBN 978-7-5763-0749-8

Ⅰ. ①电… Ⅱ. ①卢… Ⅲ. ①电气控制-高等职业教育-教材 Ⅳ. ①TM571.2

中国版本图书馆 CIP 数据核字（2021）第 248032 号

出版发行 / 北京理工大学出版社有限责任公司

社　　址 / 北京市海淀区中关村南大街 5 号

邮　　编 / 100081

电　　话 / （010）68914775（总编室）

　　　　　（010）82562903（教材售后服务热线）

　　　　　（010）68944723（其他图书服务热线）

网　　址 / http：//www.bitpress.com.cn

经　　销 / 全国各地新华书店

印　　刷 / 涿州市新华印刷有限公司

开　　本 / 787 毫米×1092 毫米　1/16

印　　张 / 12　　　　　　　　　　　　　　　责任编辑 / 孟祥雪

字　　数 / 282 千字　　　　　　　　　　　　文案编辑 / 孟祥雪

版　　次 / 2021 年 11 月第 1 版　2021 年 11 月第 1 次印刷　　责任校对 / 周瑞红

定　　价 / 59.00 元　　　　　　　　　　　　责任印制 / 李志强

前　言

本书根据国家职业能力标准（电工）的要求，结合省级高等学校教学改革研究项目的研究，融入了1+X的相关内容及技能大赛的相关评价标准，使学生在实际的操作过程中培养精益求精、一丝不苟的工匠精神。本教材的编写来源于实际课堂的教法改革，改变原来的传统理论教学和教师讲学生学的教学模式，采用线上线下混合式教学，教师引导，学生动手操作，在操作中获得知识内化的教学模式。

为了提升学生发现问题、解决问题的能力，采用项目化教学。全书包括5个项目10个任务，其内容包括工作台的控制电路设计与安装调试、物料运输系统控制电路的设计与安装调试、水泵运行系统控制电路的设计与安装调试、洗衣机控制电路的设计与安装调试、自动运料上料传输系统控制电路的设计与安装等。每个项目以实际工作任务为目标，学生在掌握低压电器的基本结构、工作原理及技术参数等相关知识的基础上，掌握低压控制电路的设计、调试和检测，在此过程中，培养学生分析问题、解决问题的能力。第5个项目是设计创新项目，学生通过前面4个项目模仿学习，掌握低压电路的设计调试和检测，在第5个项目，学生进行设计创新，有效提升学生知识内化和创新能力。

本书由卢香平担任主编，徐燕燕、严金花担任副主编，邓云霄参加编写。卢香平负责项目一、项目四的编写以及全书的统稿；徐燕燕负责项目二、项目五的编写；严金花负责项目三的编写，邓云霄参与制作本书相关资源。在书稿编写过程中，还得到了相关单位和有关同志的大力支持和帮助，在此表示衷心的感谢。

此外，本书在编写过程中参考了大量的文献资料，在此对文献作者表示衷心的感谢！由于编者水平有限，书中难免存在一些疏漏之处，恳请广大读者多提宝贵意见和建议，批评指正。

编　者

目 录

项目一 工作台的控制电路设计与安装调试

★知识目标

1. 理解点动、连续运行的控制方式。

2. 理解交流电动机的工作原理。

3. 理解空气断路器、交流接触器、按钮、熔断器和行程开关的图文符号、结构、工作原理和使用方法。

4. 理解空气断路器、交流接触器、按钮、熔断器和行程开关的选型方法。

5. 掌握电气原理的识读方法。

6. 掌握中间继电器的作用和符号。

7. 理解互锁的含义。

8. 理解交流异步电动机反转的工作原理。

9. 理解电动机正反转启动控制电气原理。

10. 理解自动往返运行控制电气原理。

★技能目标

1. 能识别空气断路器、交流接触器、按钮、熔断器和行程开关的图文符号。

2. 能识别空气断路器、交流接触器、按钮、熔断器和行程开关的规格、型号。

3. 能安装、更换空气断路器、交流接触器、按钮、熔断器和行程开关。

4. 能进行空气断路器、交流接触器、按钮、熔断器和行程开关的检查、故障排除。

5. 能识读绘制电气原理图、电器布置图、电气接线图。

6. 能进行点动、连续运行、正反转、自动往返控制电路的安装、调试、故障排除。

★职业素养目标

1. 规范操作，环保节约。

2. 具有团队合作意识。

3. 具有沟通表达能力。

项目背景

在生产实践中，我们经常看到机电设备的工作台在一定行程内自动往返，完成工件的连续加工，提高工作效率。比如刨床、龙门铣床、磨床等工作台的自动前进与后退。同学们想想它是如何实现自动往返控制的呢？如果让你设计工作台的自动往返控制电路，你会如何做呢？在接下来的学习中，将带领同学们一步一步实现工作台自动往返控制电路的设计安装和调试。

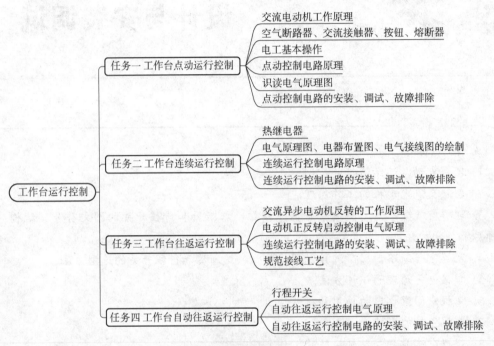

项目任务导图

项目任务导图

任务一　工作台点动运行控制电路安装与调试

学习目标

任务一学习目标如图1-1-1所示。

```
                          理解点动、连续运行的控制方式
                          理解交流电动机的工作原理
                          理解空气断路器、交流接触器、按钮、熔断器和行程开关的图文符
                          号、结构、工作原理和使用方法
                          理解空气断路器、交流接触器、按钮、熔断器和行程开关的选型方法
                  知识目标  掌握电气原理的识读方法
                          掌握中间继电器的作用和符号
                          理解互锁的含义
                          理解交流异步电动机反转的工作原理
                          理解电动机正反转启动控制电气原理
任务一 工作台点动运行控制            理解自动往返运行控制电气原理

                          能识别空气断路器、交流接触器、按钮、熔断器和行程开关的图文符号
                          能识别空气断路器、交流接触器、按钮、熔断器和行程开关的规格、型号
                  技能目标  能安装、更换空气断路器、交流接触器、按钮、熔断器和行程开关
                          能进行空气断路器、交流接触器、按钮、熔断器和行程开关的检查、故障排除
                          能识读绘制电气原理图、电器布置图、电气接线图
                          能进行点动、连续运行、正反转、自动往返控制电路的安装、调试、故障排除

                          规范操作，环保节约
                  职业素养目标 具有团队合作意识
                          具有沟通表达能力
```

图 1-1-1　任务一学习目标

任务一学习目标

情景导入

　　在桥梁施工、高层建筑施工现场，以及在港口、码头，常常有很多起重器，这些起重器以及机械设备的安装和移动都运用到了点动控制；另外，在机床加工过程中溜板箱的控制以及对刀时也常常需要点动控制，按下按钮，刀架或溜板箱快速移动，松开按钮，刀架或溜板箱停止移动。

任务分析

本任务是完成工作台点动控制电路的安装与调试，点动控制电路是最基本的电气控制电路之一，按下按钮时，电动机通电运转，带动工作台移动；松开按钮时电动机失电停止运行，工作台也随之停止移动。

点动动画

知识点学习 1　工作台单向控制方式

工作台的单向运行的实现方式比较多，有点动运行，也有连续运行。

当我们需要全程完全手动控制工作台时，采用点动的方式进行控制。点动就是按下启动按钮，电动机通电，工作台运行；松开按钮，电动机失电，工作台停止运行。

工作台的连续运行是指按下启动按钮，电动机持续得电，带动工作台连续运行；按下停止按钮，电动机失电，工作台停止运行。

知识点学习 2　三相异步电机

电机是利用电磁感应原理，把电能转换成机械能，输出机械转矩的原动机。

1. 电机分类

根据能量转换的不同，电动机分为发电机和电动机。发电机是将机械能转换成电能的电机，电动机是将电能转换成机械能的电机。

根据电动机转速和电磁转速是否相同，电动机分为同步电动机和异步电动机。

根据电动机使用电流性质不同，分为交流电动机和直流电动机。

交流电动机根据使用的电源相数不同，可分为三相电动机和单相电动机。

交流电动机根据转子结构的不同，分为笼型异步电动机和绕线型异步电动机。

电机分类如图 1-1-2 所示。

电机的分类

电机分类

图 1-1-2　电机分类

2. 三相异步电动机的结构

三相异步电动机由定子（固定不动的部分）、转子（旋转部分）和气隙三个基本部分组成（见图 1-1-3）。

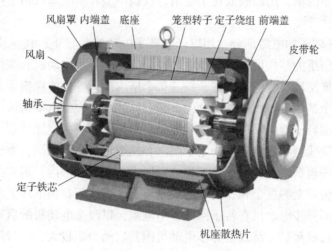

三相异步电动机结构

图 1-1-3　三相异步电动机结构

（1）定子部分。

定子部分是异步电动机静止不动的部分，主要包括定子铁芯、定子绕组和机座。

1）定子铁芯是电动机主磁路的部分，为了减少铁耗，常采用 0.5 mm 厚的两面涂有绝缘漆的硅钢片冲片叠压而成。定子铁芯内圆上有均匀分布的槽，用以嵌放三相定子绕组。

2）定子绕组是电动机的电路部分，常用高强度漆包铜线按一定规律绕制成线圈，均匀嵌入定子内圆槽内，用以建立旋转磁场，实现能量转换。接线盒内的六个接线柱的接法如图 1-1-4 所示，具体选用应根据电动机铭牌确定。

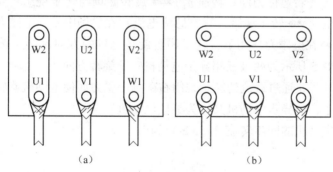

接线盒内接线

图 1-1-4　接线盒内接线

（a）三角形联结；（b）星形联结

3）机座用于固定和支撑定子铁芯和端盖，因此机座应有较好的机械强度和刚度，常用铸铁或铸钢制成，大型电动机常用钢板焊接而成。小型封闭式异步电动机表面有散热筋片，以增加散热面积。

（2）转子部分。

转子部分是电动机的旋转部分，主要由转子铁芯、转子绕组、转轴等组成。

1）转子铁芯是电动机主磁路的一部分。采用 0.5 mm 厚硅钢片冲片叠压而成，转子铁芯外圆上有均匀分布的槽，用以嵌放转子绕组。以偏小型异步电动机转子铁芯直接压装在转轴上。

2）转子绕组是转子的电路部分，用以产生转子电动势和转矩，转子绕组有笼型和绕线型两种。根据转子绕组的结构形式，异步电动机分为笼型异步电动机和绕线型异步电动机。

①笼型转子。笼型转子绕组是在转子铁芯每个槽内插入等长的裸铜导条。两端分别用铜制短路环焊接成一个整体，形成一个闭合的多相对称回路。大型电动机采用铜条绕组，而中小型异步电动机笼型转子槽内采用铸铝，将导条、端环同时一次浇注成型。

②绕线转子。绕线型异步电动机的定子绕组和笼型定子绕组相同，而转子绕组与定子绕组相似，采用绝缘漆包铜线绕制而成，三相绕组嵌入转子铁芯槽内，将它接成星形联结，三个端头分别固定在转轴上的三个相互绝缘的集电环上，再经压在集电环上的三组电刷与位电路相连，一般绕线型异步电动机在转子回路中串电阻，以改变电动机的启动和调速性能。三个电阻的另一端也接成星形。绕线型异步电动机因其启动力矩较大，一般用于重载负荷。

（3）气隙。

异步电动机定、转子之间的气隙很小，中小型异步电动机一般为 0.12 ~ 1.5 mm。气隙大小对电动机性能影响很大，气隙越大，磁阻也越大，产生同样大的磁通，所需的励磁电流也越大，电动机的功率因素也越低。但气隙过小，将给装配造成困难，运行时定、转子发生摩擦，而使电动机运行不可靠。

3. 三相异步电动机的工作原理

（1）工作原理。

三相交流电源接通三相定子绕组➡定子绕组产生三相对称电流➡三相对称电流在电动机内部建立旋转磁场（转速称为同步转速 n_1）➡旋转磁场与转子绕组产生相对运动➡转子绕组中产生感应电流➡转子绕组（存在感应电流）在磁场中受到电磁力的作用（左手定则判断受力方向）➡在电磁力作用下，转子顺着旋转磁场的方向旋转，转速称为异步电动机的转速 n。图 1-1-5 所示为两极三相异步电动机转子旋转方向。

可见，异步电动机是通过载流的转子绕组在磁场中受力而使电动机旋转，转子绕组中的电流由电磁感应产生，故异步电动机又称为感应电动机。

三相笼型异步电动机的同步转速（r/min）为

$$n_1 = 60 \frac{f}{p} \tag{1-1}$$

式中，f 为定子绕组电流频率（Hz）；p 为定子绕组磁极对数。

从工作原理分析可知，异步电动机转子的旋转方向与旋转磁场的旋转方向一致，而旋转磁场的转向又取决于电动机三相电流的相序。因此，要改变电动机的转向，只需改变电流的相序，即任意对调电动机的两根电源线，便可使电动机反转。

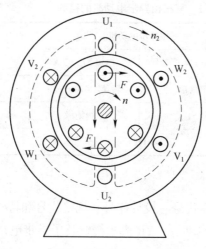

电动机工作原理

两极三相异步电动机
转子旋转方向

图 1-1-5 两极三相异步电动机转子旋转方向

当 n（电动机的转速）$<n_1$（同步转速）时，转子绕组才能切割旋转磁场产生感应电动势和感应电流，进一步形成电磁转矩使电动机旋转。

当 $n=n_1$ 时，转子绕组和选择磁场之间无相对运动，转子绕组不产生感应电动势和感应电流。

当 $n>n_1$ 时，电动机处于发电机状态。

由于电动机转速 n 与同步转速 n_1 不同，故称为异步电动机。又由于异步电动机的转子绕组并不直接与电源相接，而是依靠电磁感应原理来产生感应电动势和感应电流，从而产生电磁转矩使电动机旋转，因此又称为感应电动机。

（2）异步电动机的转差率。

同步转速 n_1 与电动机转速 n 之差（n_1-n）与同步转速 n_1 的比值称为转差率 s。

$$s = \frac{n_1 - n}{n_1} \tag{1-2}$$

转差率 s 是异步电动机的重要参数。异步电动机转速在 $0\sim n_1$ 范围内变化时，其转差率 s 在 $0\sim1$ 范围内变化；当电动机启动瞬间（转子尚未转动）时，$n=0$，此时 $s=1$；当电动机空载运行时，转速 n 很高，$n\approx n_1$，此时 $s\approx0$。

异步电动机负载越大，转速就越慢，其转差率也越大；反之电动机负载越小，转速就越高，其转差率也越小。故转差率直接反应转速的高低或电动机负载的大小，电动机在额定工作状态下运行时，转差率的值很小，在 $0.01\sim0.06$ 之间，即异步电动机的额定转速很接近同步转速。

（3）三相异步电动机铭牌的主要技术参数。

电动机的铭牌主要标注了电动机的型号和主要的技术数据，电动机在铭牌上规定的技术参数和工作条件下运行为额定运行。铭牌数据是识别电动机性能的主要途径，也是正确选用和维修电动机的参考。

某三相异步电动机的铭牌见表 1-1 所示。

表1-1 某三相异步电动机的铭牌

三相异步电动机			
型号 Y2-200L-4	功率 30 kW	电流 57. 63 A	电压 380 V
频率 50 Hz	接法：三角形	转速 1 470 r/min	LW79 dB/A
防护等级 IP54	工作制 SI	F 级绝缘	质量 270 kg
××电机厂			

①型号。

异步电动机的型号主要包括产品代号、设计序号、规格代号和特殊环境代号。产品代号表示电动机的类型，如 Y 表示异步电动机，YR 表示绕线转子异步电动机等，电动机型号含义举例如下：

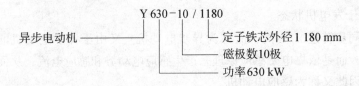

②三相异步电动机的额定值。

额定功率 P_N：电动机额定状态下运行时，电动机转轴输出的机械功率，单位为 kW 或 W。对于三相异步电动机，$P_N = \sqrt{3} U_N I_N \eta_N \cos \varphi_N$，其中，$U_N$ 为电动机的额定电压（V）；I_N 为电动机的额定电流（A）；η_N 为电动机的额定效率；$\cos \varphi_N$ 为电动机的额定功率因数。对于 380 V 的电动机，若只看数值，$I_N \approx 2P_N$，因此可以根据电动机的额定功率估算出额定电流，即一千瓦两个电流。

额定电压 U_N（V）：电动机额定工作状态时，加在定子绕组上的线电压。

额定电流 I_N（A）：电动机额定工作状态时，流入定子绕组的线电流。

额定转速 n_N（r/min）：电动机额定工作状态时，电动机转速。

额定频率 f_N（Hz）：电动机定子侧电压的频率。我国电网 $f_N = 50$ Hz。

③接线。

接线是指在额定电压下运行时，电动机定子三相绕组的联结方式，有三角形联结和星形联结两种。定子绕组采用哪种接线方式取决于定子绕组的耐压等级，若定子绕组能承受 220 V 的电压，电源电压为 220 V，则采用星形联结；若电源电压为 380 V，则采用三角形联结。

④工作制。

工作制可分为额定连续工作制 S1、短时工作制 S2、断续工作制 S3 三种。

⑤防护等级。

"IP"和其后面的数字表示电动机外壳的防护等级。IP 表示国际防护等级，其后面的第一个数字代表防尘等级，共分 0~6 七个等级；其后面的第二个数字代表防水等级，共分 0~8 九个等级，数字越大，表示防护的能力越强。

三相异步电机的
铭牌参数介绍

知识点学习 3　接触器

凡是对电能的生产、输送、分配和使用起控制、调节、检测、转换及保护作用的电工器械均可称为电器。用于交流额定电压 1 200 V 以下，直流额定电压 1 500 V 以下的电路内启通断、保护、控制或调节作用的电器称为低压电器。

低压电器可按照用途、动作方式、执行机构进行分类，如图 1-1-6 所示。

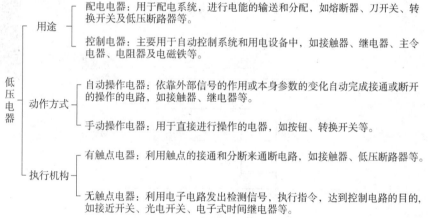

图 1-1-6　低压电器分类

低压电气分类

接触器是一种通用性很强的电磁式电器，它可以频繁地接通和分断交、直流主电路，并可实现远距离控制，主要用来控制电动机，也可控制电容器、电阻炉和照明器具等电力负载。

接触器按主触点通过电流的种类，可分为交流接触器和直流接触器。交流接触器常用于远距离接通和分断交流电压至 660 V、电流至 600 A 的交流电路，以及频繁启动和控制交流电动机。直流接触器常用于远距离接通和分断直流电压至 440 V、直流电流至 1 600 A 的直流电路，并用于直流电动机的控制。

接触器按主触点的极数（主触点的对数）还可分为单极、双极、三极、四极和五极等多种。交流接触器的主触点通常是三极，直流接触器为双极。接触器的主触点一般置于灭弧罩内。

接触器的文字符号是 KM，接触器的图形符号如图 1-1-7 所示。

电磁线圈　　　　主触点　　　常开辅助触点　　常闭辅助触点

接触器工作原理

图 1-1-7　接触器的图形符号

1. 接触器的工作原理

交流接触器主要由电磁机构、触点系统、弹簧和灭弧装置等组成。其工作原理是：当线圈中有工作电流通过时，在铁芯中产生磁通，由此产生对衔铁的电磁力。当电磁吸力克服弹簧力时，使衔铁与铁芯闭合，同时通过传动机构由衔铁带动相应的触点动作。当线圈断电或电压显著降低时，电磁吸力消失或降低，衔铁在弹簧的作用下返回，并带动触点恢复到原来的状态。接触器的结构示意图如图 1-1-8 所示。

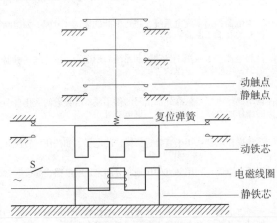

接触器结构图

图 1-1-8　接触器的结构示意图

交流接触器的线圈中通过交流电，产生交变的磁通，其产生的电磁吸力在最大值和零之间波动。因此当电磁吸力大于弹簧反力时，衔铁被吸合，当电磁吸力小于弹簧的反力时衔铁开始释放，这样便产生振动和噪声。为了消除振动和噪声，在交流接触器的铁芯端面上装入一个铜制的短路环，短路环的结构示意图如图 1-1-9 所示。

2. 接触器的触点系统

交流接触器的触点由主触点和辅助触点构成，如图 1-1-10所示。

3. 接触器的灭弧系统

触点在分段电流瞬间，在触点间的气隙中就会产生电

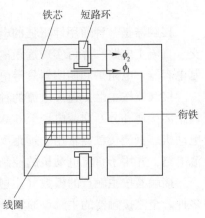

图 1-1-9　短路环的结构示意图

接触器触点 {
　　主触点:用于通断电流较大的主电路,由接触面积较大的常开触点组成。一般有三对。

　　辅助触点:用以通断电流较小的控制电路 {
　　　辅助常开触点（又叫动合触点）:指电器设备在未通电或未受外力的作用时的常态下,触点处于断开状态。

　　　辅助常闭触点（又叫动断触点）:指电器设备在未通电或未受外力的作用时的常态下,触点处于闭合状态。
}}

图 1-1-10　接触器触点分类

弧,电弧的高温能将触点烧损,并且电路不易断开,可能造成其他事故,因此,应采用适当的措施迅速熄灭电弧。

接触器触点分类

主触点额定电流在 10 A 以上的接触器都有灭弧装置,作用是减少和消除触点电弧,确保操作安全。

电弧有直流电弧和交流电弧两类,交流电流因为自然过零点,故其电弧较易熄灭。熄灭电弧的主要措施:迅速增加电弧长度（拉长电弧）,使单位长度内维持电弧燃烧的电场强度不足而使电弧熄灭;使电弧与流体介质或固体介质相接触,加强冷却和去游离作用,使电弧加快熄灭。

低压控制电器常用的灭弧方法:

（1）拉长灭弧:这种方法多用于开关电器中。通过机械装置或电动力的作用将电弧迅速拉长并在电弧电流过零时熄灭。

（2）磁吹灭弧:直流电器中常采用磁吹灭弧。在一个与触点串联的磁吹线圈产生的磁场作用下,电弧受电磁力的作用而拉长,被吹入由固体介质构成的灭弧罩内,与固体介质相接触,电弧被冷却而熄灭。

（3）窄缝（纵缝）灭弧:多用于交流接触器中。在电弧所形成的磁场电动力的作用下,电弧拉长并进入灭弧罩的窄（纵）缝中,几条纵缝可将电弧分割成数段且与固体介质相接触,电弧便迅速熄灭。

（4）栅片灭弧:应用在交流场合比直流场合灭弧效果强得多,所以交流电器常采用栅片灭弧。

对于小容量的交流接触器,常采用双断口桥式触点,采用电动力作用进行灭弧,在主触点上装有灭弧罩。对于容量较大（20 A 以上）的交流接触器,一般采用灭弧栅灭弧。

4. 接触器的主要技术参数

（1）额定电压。接触器铭牌上标注的额定电压是指主触点正常工作的额定电压。交流接触器常用的额定电压等级有:127 V、220 V、380 V、660 V;直流接触器常用的电压等级有:110 V、220 V、440 V、660 V。

（2）额定电流。接触器铭牌上标注的额定电流是指主触点的额定电流。交、直流接触器常用的额定电流的等级有:10 A、20 A、40 A、60 A、100 A、150 A、250 A、400 A、600 A。

（3）线圈的额定电压。其指接触器吸引线圈的正常工作电压值。交流线圈常用的电压等级为：36 V、110 V、127 V、220 V、380 V；直流线圈常用的电压等级为：24 V、48 V、110 V、220 V、440 V。选用时交流负载选用交流接触器，直流负载选用直流接触器，但交流负载频繁动作时可采用直流线圈的交流接触器。

（4）主触点的接通和分断能力。其指主触点在规定的条件下能可靠地接通和分断的电流值。在此电流值下，接通时主触点不发生熔焊，分断时不应产生长时间的燃弧。

5. 型号

交流接触器的型号及含义举例如下：

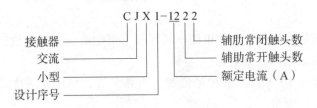

接触器外形图如图 1-1-11 所示。

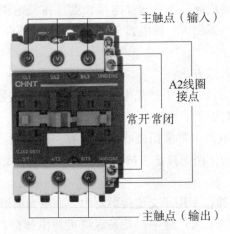

接触器外形图

图 1-1-11　接触器外形图

6. 接触器的选型

接触器的选用主要依据以下几个方面：

（1）选择接触器的类型。根据负载电流的种类来选择接触器的类型。交流负载选择交流接触器，直流负载选择直流接触器。

（2）选择主触点的额定电压。主触点的额定电压大于或等于负载的额定电压。

（3）选择主触点的额定电流。主触点的额定电流应不小于负载电路的额定电流。在低压电气控制电路中，380 V 的三相异步电动机是主要的控制对象，控制该电机的接触器的额定电流的数值大约是电动机功率的 2 倍。

（4）选择接触器线圈电压。接触器线圈的电压应与控制回路的电压一致。

7. 接触器的检测

接触器的检测是要对线圈、主触点以及辅助触点进行检测，对接触器线圈的检测，用万

用表 $R\times10\ \Omega$ 挡，测量线圈两端之间的阻值，如果所测阻值较小甚至为零，则说明线圈内部有匝间短路；如果所测阻值为∞，则说明内部开路。

主触点的检测，用万用表 $R\times1\ k\Omega$ 或 $10\ k\Omega$ 挡，正常情况下所测的阻值应该为∞。

辅助常闭触点的检测方法，用万用表 $R\times1\ \Omega$ 挡，正常情况下所测阻值应该接近零。

辅助常开触点的检测方法与主触点的检测方法相同。

知识点学习 4　低压断路器

低压断路器又称自动空气开关，是一种既有开关作用又能进行自动保护的低压电器，当电路中发生短路、过载、电压过低（欠电压）等故障时能自动切断电路，主要用于不频繁接通和分断电路及控制电动机的运行。

1. 低压断路器的结构

低压断路器主要由以下部分组成：触点系统，用于接通或切断电路；灭弧装置，用于熄灭触头在切断电路时产生的电弧；传动机构，用于操作触头的闭合与分断；保护装置，当电路出现故障时，促使触头分断，切断电源，如图 1-1-12 所示。

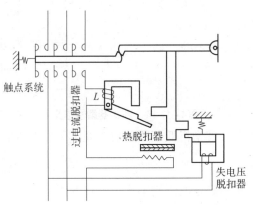

低压断路器结构图

图 1-1-12　低压断路器结构图

2. 低压断路器的工作原理

正常工作时：断路器靠操作机构手动或电动合闸，触点闭合后，自由脱扣机构将触点锁在合闸位置上。

当电路发生短路、过载或欠电压故障时，通过各自的脱扣器使自由脱扣机构动作，自动跳闸以实现保护作用。

过电流脱扣器用于电路的短路和过电流保护，当电路的电流大于整定的电流值时，过电流脱扣器所产生的电磁力使挂钩脱扣，动触点在弹簧的拉力下迅速断开，实现断路器的跳闸功能。

低压断路器的
工作原理视频

3. 低压断路器的外形图、图文符号及型号

低压断路器外形及图文符号如图 1-1-13 所示。断路器型号含义如图 1-1-14 所示。

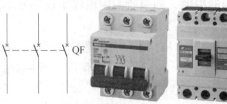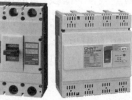

断路器图形符
号及外形图

图1-1-13 低压断路器外形及图文符号

4. 低压断路器的技术参数

（1）额定电压。低压断路器的额定电压是指与能断能力及使用类别相
关的电压值。对多相电路是指相间的电压值。

（2）额定电流。低压断路器额定电流是指额定持续电流，也就是脱扣
器能长期通过的电流。

断路器的型号含义

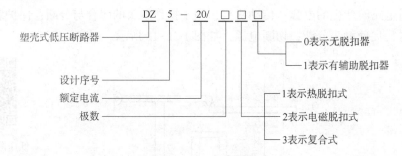

图1-1-14 断路器型号含义

（3）额定短路分断能力。其是指低压断路器在规定条件下所能分断的最大短路电流值。

5. 低压断路器的选型

（1）断路器的额定电压和额定电流应不小于电路的正常工作电压和计算负载电流。

（2）热脱扣器的整定电流等于所控制负载的额定电流。

（3）电磁脱扣器的瞬时脱扣整定电流应大于负载电路正常工作时可能出现的峰值电流。
对于单台电动机来说，电磁脱扣器的瞬时脱扣整定电流 I_Z 可按下式计算：

$$I_Z \geqslant kI_{st}$$

式中，k 为安全系数，一般取 1.5~1.7；I_{st} 为电动机的启动电流。

对于多台电动机来说，I_Z 可按下式计算：

$$I_Z \geqslant kI_{qmax}$$

式中，k 也可取 1.5~1.7；I_{qmax} 为其中一台启动电流最大的电动机的电流。

（4）欠电压脱扣器的额定电压应等于电路的额定电压。

（5）断路器的极限通断能力应不小于电路最大短路电流。

6. 低压断路器的检测

（1）外观检测。

观察低压断路器外观无损伤，检查接线螺钉是否齐全，操作机构应灵活无阻滞，动、静

触点应分、合迅速，松紧一致。

（2）接触电阻检测。

操作低压断路器，将低压断路器的操作机构打到"on"方向，此时，低压断路器是闭合状态，各触点应全部接通。用万用表电阻挡测量每相触点之间的接触电阻，显示电阻值约为0。

将低压断路器的操作机构打到"off"方向，低压断路器是断开状态，此时，各触点应全部断开。用万用表电阻挡测量每相触点之间的接触电阻，显示电阻值为无穷大。

（3）绝缘电阻检测。

用万用表测量低压断路器每两相触点之间的绝缘电阻。

知识点学习5　熔断器

熔断器是一种结构简单、使用方便、价格低廉的保护电器，广泛用于供电线路和电气设备的短路保护。熔断器串入电路，当电路发生短路或过载时，通过熔断器的电流超过限定的数值后，由于电流的热效应，使熔体的温度急剧上升，超过熔体的熔点，熔断器中的熔体熔断二分断电路，从而保护电路和设备。

熔断器的外形图、图文符号及型号含义

1. 熔断器的外形图、图文符号及型号含义（见图1-1-15）

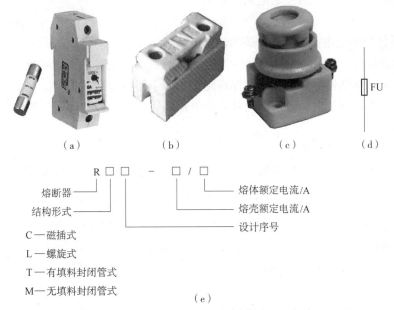

图1-1-15　熔断器的外形图、图文符号及型号含义

（a）RT18系列熔断器；（b）磁插片熔断器；（c）螺旋式熔断器；（d）图文符号；（e）熔断器的型号含义

2. 熔断器的技术参数

（1）额定电压。熔断器的额定电压是指熔断器长期工作时和分断后，能正常工作的电

15

压，其值一般应等于或大于熔断器所接电路的工作电压。否则熔断器在长期工作中可能造成绝缘击穿，或熔体熔断后电弧不能熄灭。

（2）额定电流。熔断器的额定电流是指熔断器长期工作，温升不超过规定值时所允许通过的电流。为了减少熔断器的规格，熔管的额定电流的规格比较少，而熔体的额定电流的等级比较多，一个额定电流等级的熔管，可以配合选用不同的额定电流等级的熔体。但熔体的额定电流必须小于等于熔断器的额定电流。

（3）极限分断能力。熔断器极限分断能力是指在规定的额定电压下能分断的最大的短路电流值。它取决于熔断器的灭弧能力。

3. 熔断器的选型

对熔断器的要求：在电气设备正常运行时，熔断器不应熔断；在出现短路时，应立即熔断；在电流发生正常变动（如电动机启动过程）时，熔断器不应熔断；在用电设备持续过载时，应延时熔断。

（1）熔断器额定电压的选择。

熔断器的额定电压大于或等于实际电路的工作电压。

（2）熔断器的额定电流的选择。

熔断器的额定电流应大于等于所装熔体的额定电流，因此确定熔体电流是选择熔断器的主要任务，具体有下面几条原则：

对于照明线路或电阻炉等没有冲击性电流的负载，熔断器做过载和短路保护用，熔体的额定电流应大于或等于负载的额定电流，即

$$I_{RN} \geq I_N \tag{1-3}$$

式中，I_{RN} 为熔体的额定电流；I_N 为负载的额定电流。

电动机的启动电流很大，熔体在短时通过较大的启动电流时，不应熔断，因此熔体的额定电流选的较大，熔断器对电动机只宜作短路保护而不用作过载保护。

保护一台异步电动机时，考虑电动机冲击电流的影响，熔体的额定电流按下式计算

$$I_{RN} \geq (1.5 \sim 2.5) I_N \tag{1-4}$$

式中，I_N 为电动机的额定电流。

保护多台异步电动机时，出现尖峰电流时，熔断器不应熔断，则应按下式计算

$$I_{RN} \geq (1.5 \sim 2.5) I_{Nmax} + \sum I_N \tag{1-5}$$

式中，I_{Nmax} 为容量最大的一台电动机的额定电流；$\sum I_N$ 为其余各台电动机额定电流的总和。

快速熔断器熔体额定电流的选择。在小容量变流装置中（晶闸管整流元件的额定电流小于 200 A）熔断器的熔体额定电流则应按下式计算：

$$I_{RN} = 1.57 I_{scr} \tag{1-6}$$

为使两级保护相互配合良好，两级熔体额定电流的比值不小于 1.6 : 1 或对于同一个过载或短路电流，上一级熔断器的熔断时间至少是下一级的 3 倍。

4. 熔断器的检测

（1）磁插式熔断器的检测。

合上瓷盖，用万用表电阻挡测量输入端和输出端之间的接触电阻，显示电阻值约为 0。

打开瓷盖，用万用表电阻挡测量输入端和输出端之间的接触电阻，显示电阻值为无穷大。

（2）螺旋式熔断器的检测。

旋上瓷帽，用万用表电阻挡测量输入端和输出端的接触电阻，显示电阻值约为0。旋开瓷帽，用万用表电阻挡测量输入端和输出端的接触电阻，显示电阻值为无穷大。

知识点学习6　按钮

主令电器是用来发布命令，以接通和分断控制电路的电器。主令电器只能用于控制电路，不能用于通断主电路。

按钮是发出短时操作信号的主令电器。其一般由按钮帽、复位弹簧、桥式动触点和静触点及外壳等组成。如图1-1-16所示。

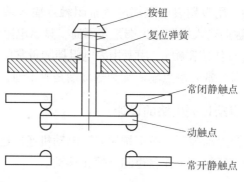

按钮结构
示意图

按钮外形、图文
符号及型号

图 1-1-16　按钮结构示意图

1. 按钮的外形、图文符号及型号（见图 1-1-17）

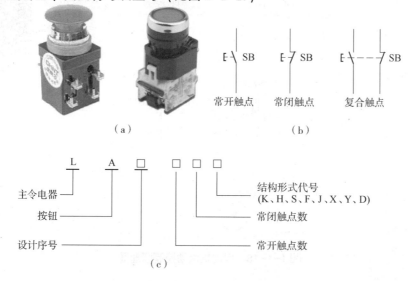

图 1-1-17　按钮的外形、图文符号及型号

（a）按钮外形；（b）按钮图文符号；（c）按钮型号

2. 按钮的参数

按下按钮时，常闭触点先断开，常开触点后闭合，当松开按钮时，在复位弹簧的作用下，其常开触点先断开，常闭触点后闭合。常用按钮的规格一般为交流额定电压 380 V，额定电流 5 A。

3. 按钮的选用

为了便于操作，根据按钮的作用不同，按钮帽常做成不同的颜色和形状。

一般红色表示停止按钮，绿色表示启动按钮，黄色表示应急或干预，红色蘑菇形表示急停按钮。

根据控制电路的需要选择按钮的触点数。

4. 按钮的测试

（1）当按钮不动作时，用万用表电阻挡测量常闭触点输入端和输出端是否接通，显示电阻值约为 0。测量常开触点输入端和输出端是否不通，显示电阻值为无穷大。

（2）当按钮动作时（按住按钮帽），用万用表电阻挡测量常闭触点输入端和输出端是否接通，显示电阻值为无穷大。常开触点输入端和输出端是否不通，显示电阻值约为 0。

 任务实施 点动控制电路的设计

本任务是完成对工作台点动控制，按下按钮时，电动机通电运转，带动工作台移动；松开按钮时，电动机失电停止运行，工作台也随之停止移动。

1. 识读电路图

根据任务要求设计的电路原理图如图 1-1-18 所示。

电动机点动
控制原理图

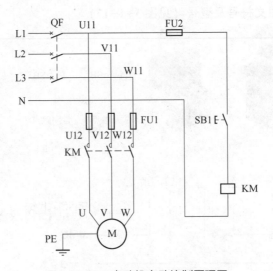

图 1-1-18　电动机点动控制原理图

主回路由空气断路器、熔断器、接触器主触点以及电动机组成。

控制回路由熔断器、按钮以及接触器线圈组成。

控制原理：合上空气开关 QF。

按钮按钮 SB1 ➡ KM 线圈通电 ➡ KM 主触点闭合 ➡ 电动机 M 得电启动进入运行状态。

松开按钮 SB1 ➡ KM 线圈断电 ➡ KM 主触点断合 ➡ 电动机 M 失电停止。

2. 材料准备

请同学们根据电气原理图，选择适合型号的低压电器填入表 1-2。

表 1-2　电器元件明细表

符号	名称	规格型号	数量

在安装前，应检查元器件：所用元器件的外观应完整无损，附件、备件齐全，并用万用表检测元器件及电动机的参数是否符合要求。

3. 电路安装

（1）绘制电器元件布置图：请根据电气原理图，绘制电器布置图。

（2）绘制电器元件安装接线图：根据电气原理图，将下图中的电气接线图补充完整。

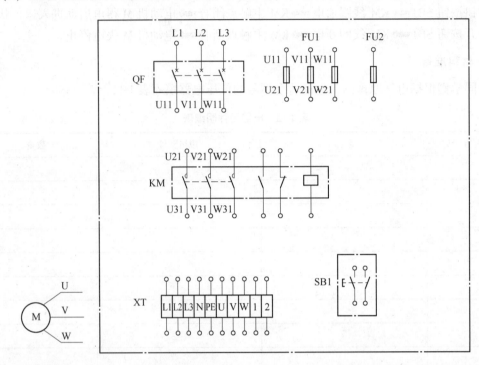

（3）电路安装接线：在控制板上按布置图安装电器元件，并贴上醒目的文字标识，按接线图在控制板上进行线槽布线。

（4）通电前的检测：

主电路检测：

项目	U11-U 电阻	V11-V 电阻	W11-W 电阻	L1-L2 电阻	L1-L3 电阻	L2-L3 电阻
合上 QF，未做其他操作	∞	∞	∞	∞	∞	∞
按下 KM 的可动部分	R	R	R	∞	∞	∞

控制电路检测：

项目	U21-N 电阻	说明
断开 QF	∞	U21-N 不通，控制电路不得电
合上 QF，按下按钮 SB1	KM 线圈有电阻	U21-N 接通，控制电路 KM 线圈得电
松开按钮 SB1	∞	U21-N 不通，控制电路不得电

检测无误后，安装电动机：连接电动机和按钮金属外壳的保护接地线。连接三相电源灯控制板外部的导线，并再次对主电路进行相间检测和每一相的检测。

（5）通电试车。

检查合格后，清点工具材料，将热继电器按照电动机的额定电流整定，为保证安全，在一人操作一人监护下通电试车。

空操作试验：先切除主电路（可断开主电路熔断器），装好控制电路熔断器，接通三相电源，使线路不带负荷（电动机）通电操作，以检查辅助电路工作是否正常；操作各按钮检查它们对接触器、继电器的控制作用；检查接触器的自锁、联锁等控制作用。同时观察各电器操作动作的灵活性，有无过大的噪声，线圈有无过热等现象。

带负荷试车：控制线路经空操作试验动作无误后，即可切断电源，接通主电路，带负荷试车。如果发现电动机启动困难、发出噪声及线圈过热等异常现象，应按下急停按钮，切断电源后检查故障。

 任务评价

评价内容	操作要求	评价标准	配分	扣分
电路图识读	（1）正确识别控制电路中各种电器图形符号及功能； （2）正确分析控制电路工作原理	（1）电器图形符号不认识，每处扣1分； （2）电器元件功能不知道，每处扣1分； （3）电路工作原理分析不正确，每处扣1分	10	
装前准备	（1）器材齐全； （2）电器元件型号、规格符合要求； （3）检查电器元件外观、附件、备件； （4）用仪表检查电器元件质量	（1）器材缺少，每件扣1分； （2）电器元件型号、规格不符合要求，每件扣1分； （3）漏检或错检，每处扣1分	10	
元器件安装	（1）按电器布置图安装； （2）元件安装不牢固； （3）元件安装整齐、匀称、合理； （4）不能损坏元件	（1）不按布置图安装，扣10分； （2）元件安装不牢固，每只扣4分； （3）元件布置不整齐、不匀称、不合理，每项扣2分； （4）损坏元件，每只扣10分； （5）元件安装错误，每件扣3分	10	
导线连接	（1）按电路图或接线图接线； （2）布线符合工艺要求； （3）接点符合工艺要求； （4）不损伤导线绝缘或线芯； （5）套装编码套管； （6）软线套线鼻； （7）接地线安装	（1）未按电路图或接线图接线，扣20分； （2）布线不符合工艺要求，每处扣3分； （3）接点有松动、露铜过长、反圈、压绝缘层，每处扣2分； （4）损伤导线绝缘层或线芯，每根扣5分； （5）编码套管套装不正确或漏套，每处扣2分； （6）不套线鼻，每处扣1分； （7）漏接接地线，扣10分	40	
通电试车	在保证人身和设备安全的前提下，通电试验一次成功	（1）热继电器整定值错误或未整定扣5分； （2）时间继电器的延时时间未整定或整定错误扣5分； （3）主电路、控制电路配错熔体，各扣5分； （4）验电操作不规范，扣10分； （5）一次试车不成功扣5分，二次试车不成功扣10分，三次试车不成功扣15分	20	
工具、仪表使用	工具、仪表使用规范	（1）工具、仪表使用不规范每次酌情扣1～3分； （2）损坏工具、仪表扣5分	10	

续表

评价内容	操作要求	评价标准	配分	扣分
故障检修	（1）正确分析故障范围； （2）查找故障并正确处理	（1）故障范围分析错误，从总分中扣 5 分； （2）查找故障的方法错误，从总分中扣 5 分； （3）故障点判断错误，从总分中扣 5 分； （4）故障处理不正确，从总分中扣 5 分	10	
技术资料 归档	技术资料完整并归档	技术资料不完整或不归档，酌情从总分中扣 3~5 分	5	
安全文明 生产	（1）要求材料无浪费，现场整洁干净； （2）工具摆放整齐，废品清理分类符合要求； （3）遵守安全操作规程，不发生任何安全事故。 　如违反安全文明生产要求，酌情扣 5~40 分，情节严重者，可判本次技能操作训练为零分，甚至取消本次实训资格		5	
定额时间	180 min，每超时 5 min 扣 5 分			
开始时间		结束时间		实际时间		成绩	

 任务拓展

请同学们参考本案例，思考如何设计电动机的连续运行控制电路，具体要求为：按下启动按钮，电动机连续。

任务二 工作台连续运行控制电路安装与调试

任务二教学目标

学习目标

任务二学习目标如图1-2-1所示。

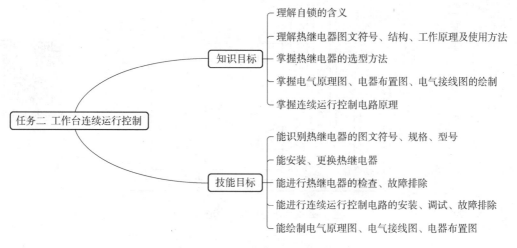

任务二 工作台连续运行控制

知识目标
- 理解自锁的含义
- 理解热继电器图文符号、结构、工作原理及使用方法
- 掌握热继电器的选型方法
- 掌握电气原理图、电器布置图、电气接线图的绘制
- 掌握连续运行控制电路原理

技能目标
- 能识别热继电器的图文符号、规格、型号
- 能安装、更换热继电器
- 能进行热继电器的检查、故障排除
- 能进行连续运行控制电路的安装、调试、故障排除
- 能绘制电气原理图、电气接线图、电器布置图

图1-2-1 任务二学习目标

情景导入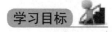

在我们的日常生活中随处可见电动机连续运行，比如三相排风扇的运转、砂轮机的运转、水泵运行以及传送带运输机的运行都离不开电机的连续运行。

热继电器结构视频

任务分析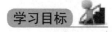

本任务是完成工作台连续运行控制电路的安装与调试，电机的连续运行控制电路是最基本的电气控制电路之一，按下启动按钮，电动机通电运转，带动工作台连续移动；按下停止按钮，电动机失电停止运行，工作台也随之停止移动。同时，还需要考虑电路的短路保护和过载保护。

热继电器外形图

知识点学习1　热继电器

热继电器是用来对连续运行的电动机进行过载及断相保护，防止电动机过热而烧毁的保护电器。三相交流电动机长期欠电压带负荷运行、长期过载运行及缺相运行等都会导致电动机绕组过热而烧毁。但是电动机又有一定的过载能力，为了在避免电动机长时间过载运行前提下，发挥电动机的过载能力，用热继电器对电动机进行过载保护。

热继电器有多种形式，如金属片式、热敏电阻式、易熔合金式等。按极数不同，热继电器分为单极、两极和三极。按复位方式不同，热继电器分为自动复位式和手动复位式。

1. 热继电器的结构

双金属片式热继电器主要由热元件、触头系统等元件组成，如图1-2-2所示。

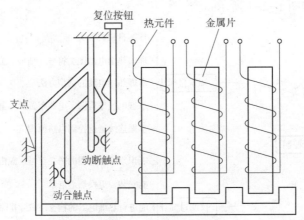

图 1-2-2　热继电器结构图

2. 热继电器的工作原理

热继电器是利用测量元件被加热到一定程度，双金属片将向被动侧方向弯曲，通过传动机构带动触点动作。

热继电器结构图

3. 热继电器的外形、图文符号及型号含义

热继电器的外形、图文符号及型号含义如图1-2-3所示。

4. 热继电器的技术参数

热继电器的主要技术参数有额定电压、额定电流、相数、整定电流等。热继电器的整定电流是热继电器的热元件允许长期通过又不会引起热继电器动作的最大电流值，超过此值热继电器就会动作。

5. 热继电器的选型

（1）一般情况可选用两相结构的热继电器。三绕组做三角形联结的电动机，应采用有断相保护装置的三相热继电器做过载保护。

（2）热元件的额定电流等级一般大于电动机的额定电流。热元件选定后，再根据电动机的额定电流调整热继电器的整定电流，使整定电流与电动机的额定电流基本相等。

（3）双金属片式热继电器一般用于轻载、不频繁启动电动机的过载保护。对于频繁启动的电动机，则用过电流继电器做过载保护。

（4）对于工作时间较短、间歇时间较长的电动机以及虽然长期工作但过载的可能性很小的电动机，可以不设过载保护。

6. 热继电器的检测

（1）用万用表电阻挡测量热元件电阻值，显示电阻值约为 0。

（2）当热继电器不动作时，用万用表电阻挡测量常闭触点输入端和输出端是否接通，显示电阻值约为 0。测量常开触点输入端和输出端是否不通，显示电阻值为无穷大。

（3）当热继电器动作时（按住过载测试钮），用万用表电阻挡测量输入端和输出端之间的接触电阻，显示电阻为无穷大。

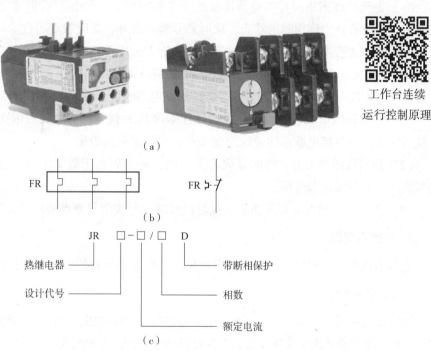

工作台连续
运行控制原理

图 1-2-3　热继电器的外形、图文符号及型号含义

（a）热继电器外形；（b）图文符号；（c）型号含义

知识点学习 2　电气原理图、电器布置图、电气接线图

1. 电气原理图

电气原理图是用国家统一规定的图形符号和文字符号，表示各个电器元件的连接关系和电气控制线路的工作原理的图形。电气原理图结构简单、层次分明，便于阅读和分析电路的工作原理。

绘制电气原理图应遵守下面的基本原则:

(1) 电气原理图包括主电路和辅助电路两部分。主电路是从电源到电动机的大电流通过的路径,辅助电路包括控制电路、信号回路、保护电路和照明电路。辅助电路中经过的电流比较小,一般不超过 5 A。

(2) 在电气原理图中,电器元件采用展开的形式绘制,如属于同一接触器的线圈和触点分开来画,但同一元件的各个部件必须标以相同的文字符号。电气原理图包括所有电器元件的导电部件和接线端子,但并不是按照各电器元件的实际位置和实际接线情况绘制的。

(3) 电气原理图中所有的电器元件必须采用国家标准中规定的图形符号和文字符号。属于同一电器的各个部件要用同一个文字符号表示。当使用多个相同类型的电器时,要在文字符号后面标注不同的数字序号。

(4) 电气原理图中所有的电器设备的触点均在常态下绘出。所谓常态,是指电器元件没有通电或没有外力作用时的状态,此时常开触点断开,常闭触点闭合。

(5) 电气原理图的布局安排应便于阅读分析。采用垂直布局时,动力电路的电源线绘成水平线,主电路应垂直于电源电路画出。控制回路和信号回路应垂直地画在两条电源线之间,耗能元件(如线圈、电磁铁、信号灯等)应画在电路的最下面,且交流电压线圈不能串联。

(6) 在原理图中,各电器元件应按动作顺序从上到下、从左到右依次排列,并尽量避免线条交叉。有直接电联系的导线的交叉点,要用黑圆点表示。

(7) 在原理图的上方,将图分成若干图区,从左到右用数字编号,这是为了便于检索电气线路,方便阅读和分析。

(8) 在电气原理图下方附图表示接触器和继电器线圈与触点的从属关系。

2. 电器布置图

电器布置图主要用来表明在控制盘或控制柜中电器元件的实际安装位置。

3. 电气接线图

电气接线图用来表明电气控制线路中所有电器的实际位置,标出各电器之间的接线关系和接线去向。电气接线图主要用于安装电器设备和电器元件时的配线。绘制电气接线图应注意:

(1) 在电气接线图中各电器以国家标准规定的图形符号代表实际的电器,各电器的位置与实际安装位置一致。一个元件的所有部件应画在一起,并用细实线框起来。

(2) 电气接线图中的各电器元件的图形符号及文字代号必须与原理图完全一致,并要符合国家标准。

(3) 各电器元件上凡是需要接线的部件端子都应绘出,并且一定要标注端子编号,各接线端子的编号必须与原理图上相应的线号一致;同一根导线上连接的所有端子的编号应相同,即等电位点的标号相同。

(4) 同一控制盘上的电器元件可以直接连接,而盘内和外部元器件连接时,必须经过接线端子排进行,走向相同的相邻导线可绘成一股线。在电气接线图中一般不表示导线的实际走线途径,施工时由操作者根据实际情况选择最佳走线方式。

任务实施 电动机连续运行控制电路的设计

本任务是完成对工作台连续运行控制，按下启动按钮时，电动机通电运转，带动工作台连续移动；按下停止按钮时，电动机失电停止运行，工作台也随之停止移动。考虑工作台必要的保护。

1. 识读电路图

根据任务要求设计的电路原理图如图 1-2-4 所示。

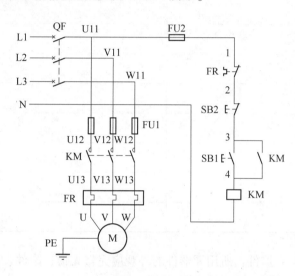

电动机连续运行
控制原理图

图 1-2-4　电动机连续运行控制原理图

主回路由空气断路器、熔断器、接触器主触点、热继电器以及电动机组成。

控制回路由熔断器、按钮、热继电器触点以及接触器线圈组成。

控制原理：合上空气开关 QF。

2. 材料准备

请同学们根据电气原理图，选择适合型号的低压电器填入表 1-3。

表1-3 电器元件明细表

符号	名称	规格型号	数量

在安装前，应检查元器件：所用元器件的外观应完整无损，附件、备件齐全，并用万用表检测元器件及电动机的参数是否符合要求。

3. 电路安装

（1）绘制电器布置图：请根据电气原理图，绘制电器布置图。

（2）绘制电器元件安装接线图：根据电气原理图，将下图中的电气接线图补充完整。

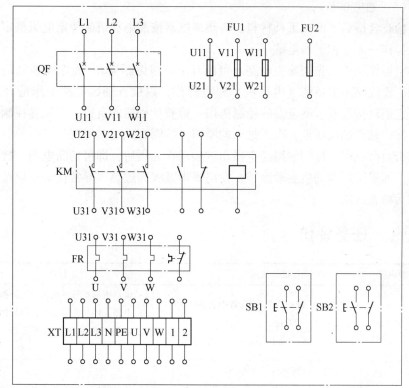

（3）电路安装接线：在控制板上按布置图安装电器元件，并贴上醒目的文字标识，按电气接线图在控制板上进行线槽布线。

（4）通电前的检测：

主电路检测：

项目	U11-U 电阻	V11-V 电阻	W11-W 电阻	L1-L2 电阻	L1-L3 电阻	L2-L3 电阻
合上 QF，未做其他操作	∞	∞	∞	∞	∞	∞
按下 KM 的可动部分	R	R	R	∞	∞	∞

控制电路检测：

项目	U21-N 电阻	说明
断开 QF	∞	U21-N 不通，控制电路不得电
合上 QF，按下按钮 SB1	KM 线圈有电阻	U21-N 接通，控制电路 KM 线圈得电
合上 QF，按下 KM 可动部分	KM 线圈有电阻	U21-N 接通，控制电路 KM 线圈得电
按下按钮 SB2	∞	U21-N 不通，控制电路不得电

检测无误后，安装电动机：连接电动机和按钮金属外壳的保护接地线。连接三相电源灯控制板外部的导线，并再次对主电路进行相间检测和每一相的检测。

（5）通电试车。

检查合格后，清点工具材料，将热继电器按照电动机的额定电流整定，为保证安全，在一人操作一人监护下通电试车。

空操作试验：先切除主电路（可断开主电路熔断器），装好控制电路熔断器，接通三相电源，使线路不带负荷（电动机）通电操作，以检查辅助电路工作是否正常；操作各按钮检查它们对接触器、继电器的控制作用；检查接触器的自锁、联锁等控制作用。同时观察各电器操作动作的灵活性，有无过大的噪声，线圈有无过热等现象。

带负荷试车：控制线路经空操作试验动作无误后，即可切断电源，接通主电路，带负荷试车。如果发现电动机启动困难、发出噪声及线圈过热等异常现象，应按下急停按钮，切断电源后检查故障。

 任务评价

评价内容	操作要求	评价标准	配分	扣分
电路图识读	（1）正确识别控制电路中各种电器图形符号及功能； （2）正确分析控制电路工作原理	（1）电器图形符号不认识，每处扣1分； （2）电器元件功能不知道，每处扣1分； （3）电路工作原理分析不正确，每处扣1分	10	
装前准备	（1）器材齐全； （2）电器元件型号、规格符合要求； （3）检查电器元件外观、附件、备件； （4）用仪表检查电器元件质量	（1）器材缺少，每件扣1分； （2）电器元件型号、规格不符合要求，每件扣1分； （3）漏检或错检，每处扣1分	10	
元器件安装	（1）按电器布置图安装； （2）元件安装不牢固； （3）元件安装整齐、匀称、合理； （4）不能损坏元件	（1）不按布置图安装，扣10分； （2）元件安装不牢固，每只扣4分； （3）元件布置不整齐、不匀称、不合理，每项扣2分； （4）损坏元件，每只扣10分； （5）元件安装错误，每件扣3分	10	
导线连接	（1）按电路图或接线图接线； （2）布线符合工艺要求； （3）接点符合工艺要求； （4）不损伤导线绝缘或线芯； （5）套装编码套管； （6）软线套线鼻； （7）接地线安装	（1）未按电路图或接线图接线，扣20分； （2）布线不符合工艺要求，每处扣3分； （3）接点有松动、露铜过长、反圈、压绝缘层，每处扣2分； （4）损伤导线绝缘层或线芯，每根扣5分； （5）编码套管套装不正确或漏套，每处扣2分； （6）不套线鼻，每处扣1分； （7）漏接接地线，扣10分	40	

续表

评价内容	操作要求	评价标准	配分	扣分
通电试车	在保证人身和设备安全的前提下，通电试验一次成功	（1）热继电器整定值错误或未整定扣5分； （2）时间继电器的延时时间未整定或整定错误扣5分； （3）主电路、控制电路配错熔体，各扣5分； （4）验电操作不规范，扣10分； （5）一次试车不成功扣5分，二次试车不成功扣10分，三次试车不成功扣15分	20	
工具、仪表使用	工具、仪表使用规范	（1）工具、仪表使用不规范每次酌情扣1～3分； （2）损坏工具、仪表扣5分	10	
故障检修	（1）正确分析故障范围； （2）查找故障并正确处理	（1）故障范围分析错误，从总分中扣5分； （2）查找故障的方法错误，从总分中扣5分； （3）故障点判断错误，从总分中扣5分； （4）故障处理不正确，从总分中扣5分	10	
技术资料归档	技术资料完整并归档	技术资料不完整或不归档，酌情从总分中扣3～5分	5	
安全文明生产	（1）要求材料无浪费，现场整洁干净； （2）工具摆放整齐，废品清理分类符合要求； （3）遵守安全操作规程，不发生任何安全事故。 如违反安全文明生产要求，酌情扣5～40分，情节严重者，可判本次技能操作训练为零分，甚至取消本次实训资格	5	
定额时间	180 min，每超时5 min扣5分			
开始时间		结束时间		实际时间		成绩	

 任务拓展

请同学们思考：如何在电路中实现电动机的点动和连续运行控制电路？

任务三 工作台往返运行控制电路安装与调试

学习目标

任务三学习目标如图 1-3-1 所示。

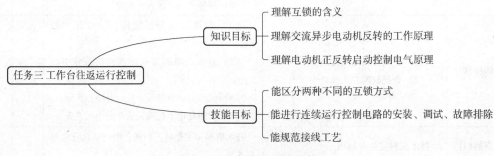

知识目标
- 理解互锁的含义
- 理解交流异步电动机反转的工作原理
- 理解电动机正反转启动控制电气原理

任务三 工作台往返运行控制

技能目标
- 能区分两种不同的互锁方式
- 能进行连续运行控制电路的安装、调试、故障排除
- 能规范接线工艺

图 1-3-1 任务三学习目标

情景导入

在工农业生产中，有很多的机械设备都是需要往复运动的。例如平面磨床矩形工作台的往返加工运动、铣床加工中工作台的左右运动、前后和上下运动，这都需要电气控制线路对电动机实现正反运行控制来实现，我们生活中也随处可见，比如伸缩门的打开和关闭。

工作台往返
控制原理

任务分析

本任务是完成工作台往返运动控制电路的安装与调试，按下正向启动按钮，电动机通电正向运转，带动工作台连续移动；按下反向启动按钮，电动机通电反向运转，带动工作台反向连续移动；按下停止按钮，电动机失电停止运行，工作台也随之停止移动。同时还需要考虑电路的短路保护和过载保护。

知识点学习 1　互锁

当改变通入三相异步电动机定子绕组的三相电源相序，即对调接入电动机三相电源进线中的任意两相，使定子绕组中旋转磁场的转向改变，从而使

任务三知识点

三相异步电动机的转动方向变化。

因此，通过两个接触器来完成相序的改变，如图 1-3-2 所示电动机正反转的主电路图，当 KM1 的主触点闭合，电动机正转；当 KM2 的主触点闭合，电动机反转。

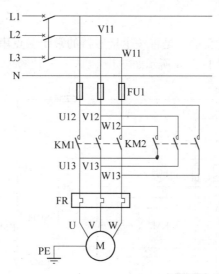

图 1-3-2 电动机正反转的主电路图

前面介绍了电动机连续运行的控制电路，在此基础上采用两个接触器来完成电动机正反转控制电路的设计，如图 1-3-3 所示。

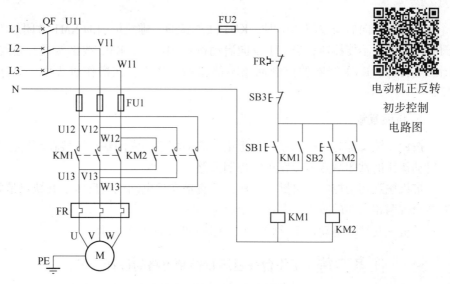

电动机正反转
初步控制
电路图

图 1-3-3 电动机正反转初步控制电路图

当按下按钮 SB1 时，KM1 线圈得电，KM1 的主触点闭合，电动机正向运转；当按下按钮 SB2 时，KM2 线圈得电，KM2 的主触点闭合，电动机反向运转。但同时按下按钮 SB1，SB2 时，KM1，KM2 两个线圈同时得电，主触点同时闭合，出现两相短路。

为了解决两个线圈同时接通的问题，在相应的控制回路中串接常闭触点，互相制约，使两个回路不能同时接通。这种利用两个接触器进行相互制约，使它们在同一时间里只有一个接触器工作的控制作用，称为互锁。

1. 电气互锁

接触器互锁又称为电气互锁，是将一个接触器的常闭触点串接到另一个接触器的控制回路中，如图1-3-4所示。

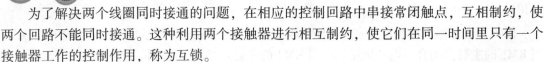

带电气互锁的
电动机正反转
控制电路图

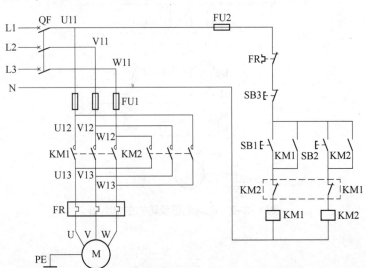

图1-3-4　带电气互锁的电动机正反转控制电路图

当按下正向启动按钮SB1时，KM1线圈接通，虚线框内的KM1常闭触点打开，KM2线圈的控制回路不能接通；当按下反向启动按钮SB2时，KM2线圈接通，虚线框内的KM2常闭触点打开，KM1线圈的控制回路不能接通。从而，在操作过程中，只能接通正转或者反转。

2. 机械互锁

按钮互锁又称为机械互锁，是将正向启动按钮的常闭触点串接在反转控制电路中，将反向启动按钮的常闭触点串接在正转控制回路中。

带机械互锁的控制电路操作方便，可直接实现电动机正反转，其缺点是如果按钮损坏可能会出现两相短路的故障，存在安全隐患。

带机械互锁的电动机正反转控制电路图如图1-3-5所示。

 任务实施 工作台往返运行控制电路的设计

本任务是完成工作台往返运动控制电路的安装与调试，按下正向启动按钮，电动机通电正向运转，带动工作台连续移动；按下反向启动按钮，电动机通电反向运转，带动工作台反向连续移动；按下停止按钮，电动机失电停止运行，工作台也随之停止移动。同时还需要考虑电路的短路保护和过载保护。

带机械互锁的
电动机正反转
控制电路图

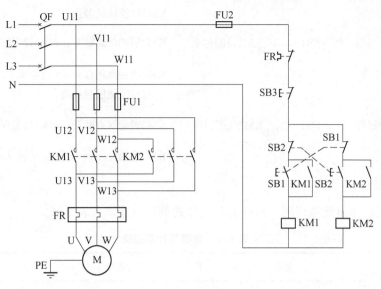

图 1-3-5　带机械互锁的电动机正反转控制电路图

1. 识读电路图

根据任务要求设计的电路原理如图 1-3-6 所示。

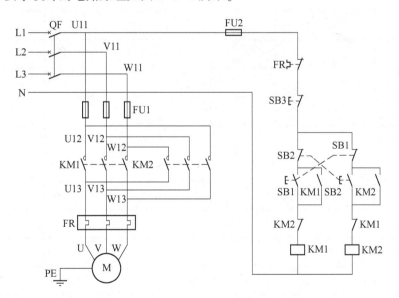

图 1-3-6　带双重互锁的电动机正反转控制电路图

控制原理：合上空气开关 QF。

按下停止按钮 SB3，电动机停止运行。

控制回路工作过程，请扫描二维码观看视频。

正向启动过程：按下SB1 $\Longrightarrow$ KM1线圈得电 $\begin{cases} \text{KM1自锁辅助触点闭合} \\ \\ \text{KM1辅助触点断开，对KM2实现互锁} \\ \\ \text{KM1主触点闭合} \Longrightarrow \text{电动机正向启动运行} \end{cases}$

反向启动过程：按下SB2 $\Longrightarrow$ KM2线圈得电 $\begin{cases} \text{KM2自锁辅助触点闭合} \\ \\ \text{KM2辅助触点断开，对KM1实现互锁} \\ \\ \text{KM2主触点闭合} \Longrightarrow \text{电动机反向启动运行} \end{cases}$

2. 材料准备

请同学们根据电气原理图，选择适合型号的低压电器填入表1-4。

表1-4　电器元件明细表

符号	名称	规格型号	数量

在安装前，应检查元器件：所用元器件的外观应完整无损，附件、备件齐全，并用万用表检测元器件及电动机的参数是否符合要求。

3. 电路安装

（1）绘制电器元件布置图：请根据电气原理图，绘制电器布置图。

（2）绘制电器元件安装接线图：根据电气原理图，将下图中的电气接线图补充完整。

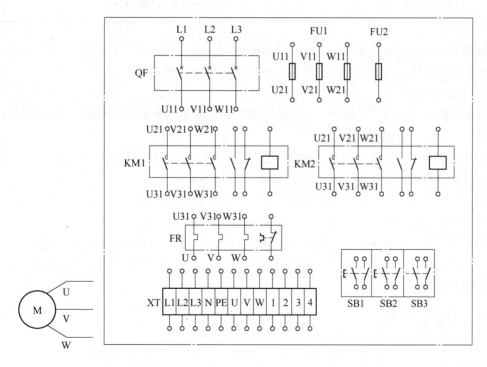

（3）电路安装接线：在控制板上按布置图安装电器元件，并贴上醒目的文字标识，按接线图在控制板上进行线槽布线。

（4）通电前的检测：

主电路检测：

项目	U11-U 电阻	V11-V 电阻	W11-W 电阻	L1-L2 电阻	L1-L3 电阻	L2-L3 电阻
合上 QF，未做其他操作	∞	∞	∞	∞	∞	∞
按下 KM1 的可动部分	R	R	R	∞	∞	∞
按下 KM2 的可动部分	R	R	R	∞	∞	∞

控制电路检测：

项目	U21-N 电阻	说明
断开 QF	∞	U21-N 不通，控制电路不得电
合上 QF，按下按钮 SB1 或者按下 KM1 可动部分	KM1 线圈有电阻 KM2 线圈无电阻	U21-N 接通，控制电路 KM1 线圈得电 KM1，KM2 互锁
合上 QF，按下按钮 SB2 或者按下 KM2 可动部分	KM2 线圈有电阻 KM1 线圈无电阻	U21-N 接通，控制电路 KM2 线圈得电 KM1，KM2 互锁
按下按钮 SB3	∞	U21-N 不通，控制电路不得电

　　检测无误后，安装电动机：连接电动机和按钮金属外壳的保护接地线。连接三相电源灯控制板外部的导线，并再次对主电路进行相间检测和每一相的检测。

　　（5）通电试车。

　　检查合格后，清点工具材料，将热继电器按照电动机的额定电流整定，为保证安全，在一人操作一人监护下通电试车。

　　空操作试验：先切除主电路（可断开主电路熔断器），装好控制电路熔断器，接通三相电源，使线路不带负荷（电动机）通电操作，以检查辅助电路工作是否正常；操作各按钮检查它们对接触器、继电器的控制作用；检查接触器的自锁、联锁等控制作用。同时观察各电器操作动作的灵活性，有无过大的噪声，线圈有无过热等现象。

　　带负荷试车：控制线路经空操作试验动作无误后，即可切断电源，接通主电路，带负荷试车。如果发现电动机启动困难、发出噪声及线圈过热等异常现象，应按下急停按钮，切断电源后检查故障。

 任务评价

评价内容	操作要求	评价标准	配分	扣分
电路图识读	（1）正确识别控制电路中各种电器图形符号及功能； （2）正确分析控制电路工作原理	（1）电器图形符号不认识，每处扣1分； （2）电器元件功能不知道，每处扣1分； （3）电路工作原理分析不正确，每处扣1分	10	

评价内容	操作要求	评价标准	配分	扣分
装前准备	（1）器材齐全； （2）电器元件型号、规格符合要求； （3）检查电器元件外观、附件、备件； （4）用仪表检查电器元件质量	（1）器材缺少，每件扣1分； （2）电器元件型号、规格不符合要求，每件扣1分； （3）漏检或错检，每处扣1分	10	
元器件安装	（1）按电器布置图安装； （2）元件安装不牢固； （3）元件安装整齐、匀称、合理； （4）不能损坏元件	（1）不按布置图安装，扣10分； （2）元件安装不牢固，每只扣4分； （3）元件布置不整齐、不匀称、不合理，每项扣2分； （4）损坏元件，每只扣10分； （5）元件安装错误，每件扣3分	10	
导线连接	（1）按电路图或接线图接线； （2）布线符合工艺要求； （3）接点符合工艺要求； （4）不损伤导线绝缘或线芯； （5）套装编码套管； （6）软线套线鼻； （7）接地线安装	（1）未按电路图或接线图接线，扣20分； （2）布线不符合工艺要求，每处扣3分； （3）接点有松动、露铜过长、反圈、压绝缘层，每处扣2分； （4）损伤导线绝缘层或线芯，每根扣5分； （5）编码套管套装不正确或漏套，每处扣2分； （6）不套线鼻，每处扣1分； （7）漏接地线，扣10分	40	
通电试车	在保证人身和设备安全的前提下，通电试验一次成功	（1）热继电器整定值错误或未整定扣5分； （2）时间继电器的延时时间未整定或整定错误扣5分； （3）主电路、控制电路配错熔体，各扣5分； （4）验电操作不规范，扣10分； （5）一次试车不成功扣5分，二次试车不成功扣10分，三次试车不成功扣15分	20	
工具、仪表使用	工具、仪表使用规范	（1）工具、仪表使用不规范每次酌情扣1~3分； （2）损坏工具、仪表扣5分	10	
故障检修	（1）正确分析故障范围； （2）查找故障并正确处理	（1）故障范围分析错误，从总分中扣5分； （2）查找故障的方法错误，从总分中扣5分； （3）故障点判断错误，从总分中扣5分； （4）故障处理不正确，从总分中扣5分	10	

续表

评价内容	操作要求	评价标准	配分	扣分
技术资料归档	技术资料完整并归档	技术资料不完整或不归档，酌情从总分中扣3~5分	5	
安全文明生产	（1）要求材料无浪费，现场整洁干净； （2）工具摆放整齐，废品清理分类符合要求； （3）遵守安全操作规程，不发生任何安全事故。 　　如违反安全文明生产要求，酌情扣5~40分，情节严重者，可判本次技能操作训练为零分，甚至取消本次实训资格		20	
定额时间	180 min，每超时5 min扣5分			5
开始时间		结束时间		实际时间		成绩	

 任务拓展

　　请同学们思考：如何在电路中实现电动机的自动往返运行控制电路？

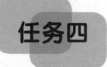

任务四　工作台自动往返运行控制电路安装与调试

任务四学习目标

任务四学习目标如图 1-4-1 所示。

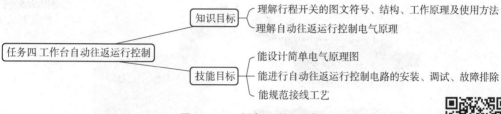

图 1-4-1　任务四学习目标

工作台自动
往返运行视频

在生产过程中，一些生产工作台要求在一定行程内自动往返运动，以便实现连续加工，提高生产效率。如在摇臂钻床、万能铣床、镗床、桥式起重机及各种自动控制的机床中也要求工作台自动往返（见图 1-4-2）。

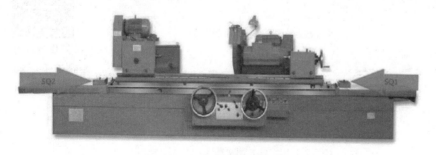

图 1-4-2　自动往返工作台

自动往返工作台

任务分析

本任务是完成工作台自动往返运动控制电路的安装与调试，按下正向启动按钮，电动机通电正向运转，带动工作台连续移动；碰到限位开关后，电动机反向运转，带动工作台反向连续移动，碰到限位开关后，

行程开关结构视频

电动机正向运转；按下停止按钮，电动机失电停止运行，工作台也随之停止移动。同时还需要考虑电路的短路保护和过载保护。

知识点学习1　行程开关

行程开关又称为限位开关或位置开关，其原理和按钮相同，只是靠机械运动部件的挡铁碰压行程开关而使其常开触点闭合，常闭触点断开，从而对控制电路发出接通、断开的转换。行程开关主要用于控制生产机械的运动方向、行程的长短和限位保护。行程开关可以分为直动式、滚轮式和微动行程开关。

1. 行程开关的外形、图文符号及型号

行程开关的外形及图文符号如图1-4-3所示。

行程开关1

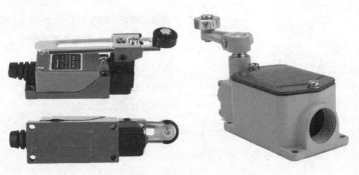

（a）

工作台自动
往返任务动画

（b）

图1-4-3　行程开关的外形及图文符号

（a）外形图；（b）图文符号

2. 行程开关的选择

行程开关主要根据动作要求、安装位置及触点数量来选择。

3. 行程开关的检测

行程开关的常开、常闭触点检测方法与按钮的常开、常闭触点检测方法相同。

（1）万用表选择 $R\times1$ 或者 $R\times10$ Ω 挡，并进行欧姆调零。

（2）将触头两两测量查找，未按下推杆时阻值为∞，而按下推杆时阻值为 0 的一对为常开触点；相反，不按推杆时阻值为 0，按下推杆时阻值为∞的一对为常闭触点。

知识点学习 2　行程开关控制电路应用

1. 行程开关断电控制

行程开关在控制电路中，可以取到断开电路的作用，也可以取到接通电路的作用。如图 1-4-4所示，作为断开电路的作用。按下 SB1，KM 线圈通电，KM 的主触点闭合，电动机连续运行，带动工作台运行，当达到预定位置，触碰到行程开关，行程开关 SQ1 动作，线圈断电，电动机停止转动，工作台停止运行。

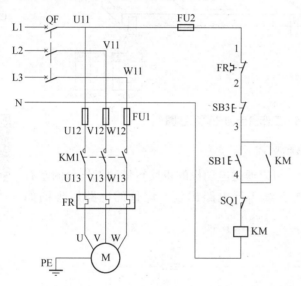

行程开关断开
控制电路

工作台自动
往返控制原理

图 1-4-4　行程开关断开控制电路

2. 行程开关接通控制电路

图 1-4-5 所示为行程开关接通控制电路。

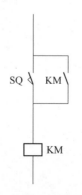

行程开关接通
控制电路

图 1-4-5　行程开关接通控制电路

任务实施 工作台自动往返运行控制电路的设计

本任务是完成工作台自动往返运动控制电路的安装与调试，按下正向启动按钮，电动机通电正向运转，带动工作台连续移动；碰到限位开关后，电动机反向运转，带动工作台反向连续移动，碰到限位开关后，电动机正向运转；按下停止按钮，电动机失电停止运行，工作台也随之停止移动。同时还需要考虑电路的短路保护和过载保护。工作台自动往返示意图如图 1-4-6 所示。

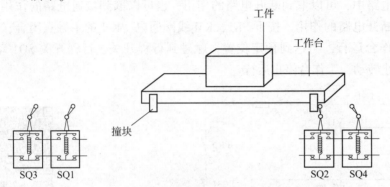

工作台自动
往返示意图

图 1-4-6 工作台自动往返示意图

1. 工作台自动往返控制电路设计

根据任务工作台左右移动，可以通过电动机的正反转带动工作台的左右移动。设计时，从基本的单向连续运行电路出发，设计的电路原理图如图 1-4-7 所示。

工作台自动
往返控制
电路图

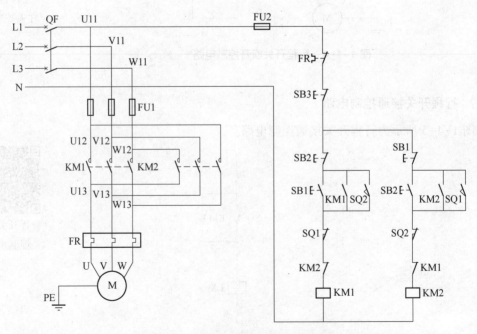

图 1-4-7 工作台自动往返控制电路图

主回路的工作过程，闭合电源开关 QF，当 KM1 主触点闭合时，电动机正转，带动工作台向右移动；当 KM2 主触点闭合时，电动机反转，带动工作台向左移动。

SQ3，SQ4 为正反向极限保护限位开关，若工作台换向时，限位开关 SQ1，SQ2 失灵，则将由极限开关 SQ3，SQ4 来实现限位保护，及时切断电源，从而避免运动部件超出极限位置而发生事故。

控制回路工作过程，请扫描观看视频。

2. 材料准备

请同学们根据电气原理图，选择适合型号的低压电器填入表 1-5。

表 1-5 电器元件明细表

符号	名称	规格型号	数量

在安装前，应检查元器件：所用元器件的外观应完整无损，附件、备件齐全，并用万用表检测元器件及电动机的参数是否符合要求。

3. 电路安装

（1）绘制电器布置图：请根据电气原理图，绘制电器布置图。

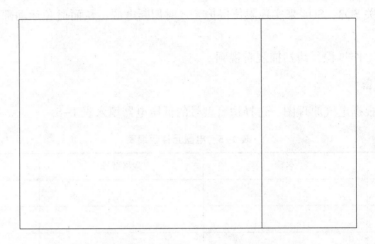

（2）绘制电气安装接线图：根据电气原理图，将下图中的电气接线图补充完整。

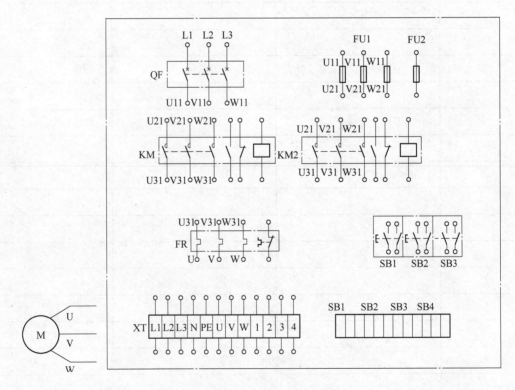

（3）电路安装接线：在控制板上按布置图安装电器元件，并贴上醒目的文字标识，按接线图在控制板上进行线槽布线。

（4）通电前的检测：

主电路检测：

项目	U11-U 电阻	V11-V 电阻	W11-W 电阻	L1-L2 电阻	L1-L3 电阻	L2-L3 电阻
合上 QF，未做其他操作	∞	∞	∞	∞	∞	∞
按下 KM1 的可动部分	R	R	R	∞	∞	∞
按下 KM2 的可动部分	R	R	R	∞	∞	∞

控制电路检测：

项目	U21-N 电阻	说明
断开 QF	∞	U21-N 不通，控制电路不得电
合上 QF，按下按钮 SB1 或者按下 KM1 可动部分	KM1 线圈有电阻 KM2 线圈无电阻	U21-N 接通，控制电路 KM1 线圈得电 KM1，KM2 互锁
合上 QF，按下按钮 SB2 或者按下 KM2 可动部分	KM2 线圈有电阻 KM1 线圈无电阻	U21-N 接通，控制电路 KM2 线圈得电 KM1，KM2 互锁
按下按钮 SB3	∞	U21-N 不通，控制电路不得电

　　检测无误后，安装电动机：连接电动机和按钮金属外壳的保护接地线。连接三相电源灯控制板外部的导线，并再次对主电路进行相间检测和每一相的检测。

　　（5）通电试车。

　　检查合格后，清点工具材料，将热继电器按照电动机的额定电流整定，为保证安全，在一人操作一人监护下通电试车。

　　空操作试验：先切除主电路（可断开主电路熔断器），装好控制电路熔断器，接通三相电源，使线路不带负荷（电动机）通电操作，以检查辅助电路工作是否正常；操作各按钮检查它们对接触器、继电器的控制作用；检查接触器的自锁、联锁等控制作用。同时观察各电器操作动作的灵活性，有无过大的噪声，线圈有无过热等现象。

　　带负荷试车：控制线路经空操作试验动作无误后，即可切断电源，接通主电路，带负荷试车。如果发现电动机启动困难、发出噪声及线圈过热等异常现象，应按下急停按钮，切断电源后检查故障。

 任务评价

评价内容	操作要求	评价标准	配分	扣分
电路图识读	（1）正确识别控制电路中各种电器图形符号及功能； （2）正确分析控制电路工作原理	（1）电器图形符号不认识，每处扣 1 分； （2）电器元件功能不知道，每处扣 1 分； （3）电路工作原理分析不正确，每处扣 1 分	10	
装前准备	（1）器材齐全； （2）电器元件型号、规格符合要求； （3）检查电器元件外观、附件、备件； （4）用仪表检查电器元件质量	（1）器材缺少，每件扣 1 分； （2）电器元件型号、规格不符合要求，每件扣 1 分； （3）漏检或错检，每处扣 1 分	10	

续表

评价内容	操作要求	评价标准	配分	扣分
元器件安装	（1）按电器布置图安装； （2）元件安装不牢固； （3）元件安装整齐、匀称、合理； （4）不能损坏元件	（1）不按布置图安装，扣10分； （2）元件安装不牢固，每只扣4分； （3）元件布置不整齐、不匀称、不合理，每项扣2分； （4）损坏元件，每只扣10分； （5）元件安装错误，每件扣3分	10	
导线连接	（1）按电路图或接线图接线； （2）布线符合工艺要求； （3）接点符合工艺要求； （4）不损伤导线绝缘或线芯； （5）套装编码套管； （6）软线套线鼻； （7）接地线安装	（1）未按电路图或接线图接线，扣20分； （2）布线不符合工艺要求，每处扣3分； （3）接点有松动、露铜过长、反圈、压绝缘层，每处扣2分； （4）损伤导线绝缘层或线芯，每根扣5分； （5）编码套管套装不正确或漏套，每处扣2分； （6）不套线鼻，每处扣1分； （7）漏接接地线，扣10分	40	
通电试车	在保证人身和设备安全的前提下，通电试验一次成功	（1）热继电器整定值错误或未整定扣5分； （2）时间继电器的延时时间未整定或整定错误扣5分； （3）主电路、控制电路配错熔体，各扣5分； （4）验电操作不规范，扣10分； （5）一次试车不成功扣5分，二次试车不成功扣10分，三次试车不成功扣15分	20	
工具、仪表使用	工具、仪表使用规范	（1）工具、仪表使用不规范每次酌情扣1~3分； （2）损坏工具、仪表扣5分	10	
故障检修	（1）正确分析故障范围； （2）查找故障并正确处理	（1）故障范围分析错误，从总分中扣5分； （2）查找故障的方法错误，从总分中扣5分； （3）故障点判断错误，从总分中扣5分； （4）故障处理不正确，从总分中扣5分	10	
技术资料归档	技术资料完整并归档	技术资料不完整或不归档，酌情从总分中扣3~5分	5	
安全文明生产	（1）要求材料无浪费，现场整洁干净； （2）工具摆放整齐，废品清理分类符合要求； （3）遵守安全操作规程，不发生任何安全事故。 如违反安全文明生产要求，酌情扣5~40分，情节严重者，可判本次技能操作训练为零分，甚至取消本次实训资格	20	
定额时间	180 min，每超时5 min扣5分		5	
开始时间	结束时间	实际时间	成绩	

任务拓展

请同学们分析下图的工作原理。

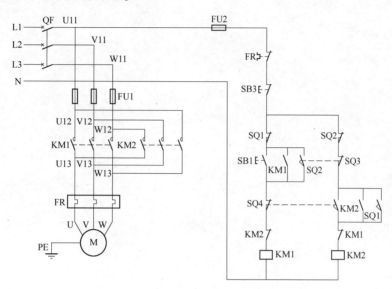

 **项目二 物料运输系统控制电路的设计与安装调试**

★**知识目标**

1. 掌握时间继电器的作用、分类和符号。

2. 掌握中间继电器的作用和符号。

3. 会分析电动机的延时启动电路。

4. 会分析物料运输带的控制电路。

5. 会分析多台电动机的顺序控制电路。

★**技能目标**

1. 能用万用表对时间继电器进行检测。

2. 能用万用表对中间继电器进行检测。

3. 会整定时间继电器的延时时间。

4. 根据原理图绘制安装接线图。

5. 正确安装电动机延时启动电路。

6. 正确安装多条物料运输带的控制电路。

7. 排除电路故障。

★**职业素养目标**

1. 规范操作，环保节约。

2. 具有团队合作意识。

3. 具有沟通表达能力。

项目背景

在多条传送带构成的物料运输系统中，启动时，为防止物料堆积，要求多台电动机按一定顺序启动，并要有一定的时间间隔；停止时，为保证停车后传送带上不残存货物，要求多台电动机按照一定的时间间隔逆序停止。为实现控制要求，要用到顺序控制逻辑电路，并用时间继电器进行启停的延时。

在一些特殊行业的生产过程中，往往会用到电动机的延时启动和延时停止；多台电动机运行时，为满足操作过程的合理性和安全可靠性等要求，也常常要求多台电动机按照一定的顺序启停，除物料运输带之外，车床也要求主轴电动机和冷却泵电动机按顺序启动。

不仅在工业生产中会用到延时控制，在生活中也有延时控制。如家用油烟机：炒菜完成后按下延时按钮，将厨房余烟再抽一段时间，延时时间到，油烟机自行关闭。这里的电机用到了延时停止的控制方式。

三相异步电动机的延时启动电路设计与安装

学习目标

1. 理解时间继电器的工作原理、作用与电气符号。
2. 掌握时间继电器的分类检测方法。
3. 掌握时间继电器的时间整定方法。
4. 能分析延时启动电路，并理解时间继电器在电路中的应用

情景导入

在一些特殊行业的生产过程中，为保证安全生产，通常要求按下启动按钮后，先延时一段时间，由电铃和信号灯发出声光报警提示现场人员注意，延时时间到，声光报警停止，电动机启动，按下停止按钮，电动机停止运行。

任务分析

电动机的延时启动控制可以提醒现场人员及时撤离到安全位置，保证生产的安全进行。延时启动的关键在于时间继电器的选择。时间继电器的类型有很多，有空气阻尼式、电子式、直流电磁式、电动式和晶体管式等。不同类型的时间继电器，具有不同延时的时间范围和精度。根据触头延时的特点，时间继电器分为通电延时型和断电延时型。任务要求通电时延时启动，所以应选择通电延时型时间继电器。

项目中除用时间继电器延时外，也用到了中间继电器增加回路数量。

知识点学习 时间继电器

从得到输入信号（线圈通电或断电）开始，经过一定的延时后才输出信号（触点闭合或断开）的继电器，称为时间继电器（见图 2-1-1）。

时间继电器分为通电延时型和断电延时型，文字符号为 KT，图形符号如图 2-1-2 所示。

时间继电器的工作原理：

通电延时型时间继电器：线圈得电，瞬动触点立即动作，延时时间到，延时触点动作。线圈失电，瞬动触点和延时触点立即复位。

断电延时型时间继电器：线圈得电，瞬动触点和延时触点立即动作；线圈失电，瞬动触

时间继电器的
工作原理

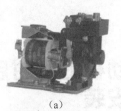

（a）　　　　　　　　　　（b）

（c）　　　　　（d）　　　　　（e）

图 2-1-1　常见的时间继电器

（a）JS7-A 系列（通电延时）；（b）JS7-A 系列（断电延时）；

（c）JS20 系列；（d）ST3P 系列；（e）JS11 系列

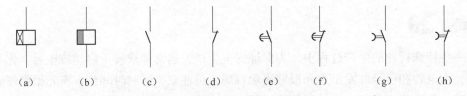

（a）　　（b）　　（c）　　（d）　　（e）　　（f）　　（g）　　（h）

图 2-1-2　时间继电器图形符号

（a）通电延时线圈；（b）断电延时线圈；（c）瞬动常开触点；（d）瞬动常闭触点；

（e）延时闭合触点；（f）延时断开触点；（g）延时断开触点；（h）延时闭合触点

点立即复位，延时时间到，延时触点复位。

不同类型时间继电器的特点如表 2-1 所示。

表 2-1　不同类型时间继电器的特点

分类	特点	场合
直流电磁式	结构简单，价格低廉，延时较短（0.3~5.5 s），精度不高，体积大	只能用于直流断电延时
空气阻尼式	延时范围较大（0.4~180 s），误差较大	用于延时精度不高的场合
电动式	延时精度高，价格高，寿命短	不适于频繁操作
电子式	体积小，重量轻，延时精度高，延时范围广，抗干扰能力强，寿命长	高精度、高可靠性的自动控制场合

时间继电器的检测方法：

时间继电器在安装前应进行检测，包括触头通断情况、延时时间、线圈电阻等。

空气阻尼式：用万用表测试时间继电器的线圈电阻、常开触头、常闭触头。

电子式：

电子式时间继电器在安装前的检测包括不带电检测和带电检测两项。

（1）不带电检测：用万用表测试时间继电器的线圈电阻、常开触头、常闭触头。

（2）带电检测：线圈电阻正常时，根据时间继电器线圈的额定电压值，按图连接好测试线路，带电测试延时时间，观察触头动作情况。注意按照时间继电器要求的线圈电压在 1 和 2 之间加上合适的电压。如本项目中所用的时间继电器是 AC380 V，所以端子 1 和 2 分别与 L1、L2 相连接，延时时间到，检测延时触点是否动作，即观察万用表欧姆挡的电阻状态是否发生变化。

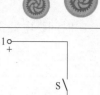

时间继电器的时间整定方法：

电子式时间继电器的延时时间可以根据控制需求灵活调整，方法如下：

（1）拔出旋钮开关端盖；

（2）取下正反两面印有时间刻度的时间刻度片；

（3）按图对应时间范围调整两个白色拨码开关位置；

（4）将满量程 60 s 的刻度片放在最上面，盖好旋钮开关的端盖；

（5）调整整定时间为 20 s，旋转端盖使红色刻度线对应 20 s。如图 2-1-3 所示。

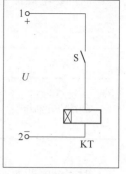

时间继电器的检测与整定

时间继电器的整定

图 2-1-3　时间继电器的时间整定方法

在时间继电器的侧面，显示了不同时间范围所对应的拨码开关位置及时间刻度片（见图 2-1-4）。

图 2-1-4　拨码开关位置及时间刻度片

时间继电器常见故障的处理方法见表2-2。

表2-2　时间继电器常见故障的处理方法

故障现象	产生原因	处理方法
延时触头不动作	电磁铁线圈断线	更换线圈
	电源电压低于额定电压	调高电源电压

中间继电器

时间继电器的选择：

（1）根据控制电路的控制要求选择通电延时型还是断电延时型。

（2）根据要求的延时范围和延时精度选择时间继电器的类型。在延时精度要求不高的场合，可选价格较低廉的空气阻尼式时间继电器；精度要求较高场合，可选择电子式时间继电器。

（3）根据控制电路的电压选择时间继电器的线圈电压。

（4）考虑延时触头种类、数量和瞬时触头种类、数量是否满足控制要求。

（5）对操作频率也要加以注意，因为操作频率过高不仅会影响电气寿命，还可能导致延时误动作。

电动机延时
启动控制电路

知识点学习　中间继电器

中间继电器是将一个输入信号变成一个或多个输出信号的继电器，实质上是一种电压继电器，特点是触头数目多（6对以上）、触电电流较大（5 A），在电路中的作用是增加触头数量和增加控制回路个数，起中间放大（触点数量和容量）与转换作用。

中间继电器外形与符号如图2-1-5所示。

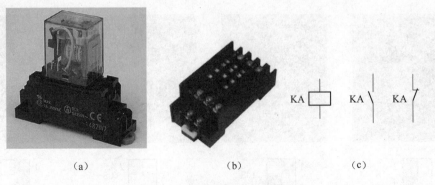

（a）　　　　　　　　（b）　　　　　　　　（c）

图2-1-5　中间继电器外形与符号

（a）外形；（b）底座；（c）符号

任务实施 延时启动控制电路的设计

1. 识读电路图

实现延时启动，调整好时间继电器的延时时间，将延时闭合触点串接在电动机的线圈电路；电铃和灯光电路的控制需要用中间继电器实现。设计好的电路原理图如图 2-1-6 所示。

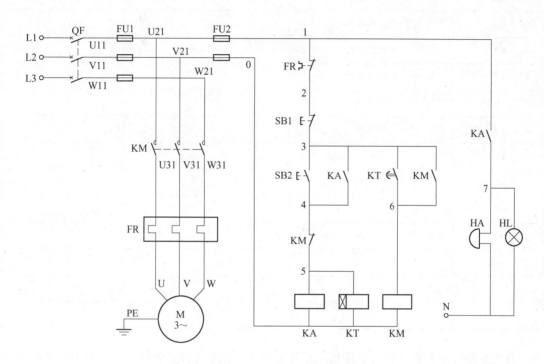

图 2-1-6　延时启动控制的电路原理图

电路的工作原理如下：合上低压断路器 QF，按下启动按钮 SB2，中间继电器 KA 线圈得电并自锁，通电延时型时间继电器 KT 线圈得电并开始计时，KA 的常开触头（1~7）闭合，辅助电路接通，电铃发出报警声，灯光闪烁，声光报警电路启动。时间继电器 KT 的延时时间到，KT 的延时触头（3~6）闭合，接触器 KM 的线圈得电，KM 的常闭触点（4~5）先断开，中间继电器 KA 的线圈失电，KA 的常开触头（1~7）复位，断开声光报警电路，KM 的主触头闭合，电动机启动，KM 的自锁触头（3~6）闭合，电动机连续运行。

按下停止按钮 SB1，KM 的线圈失电，触头复位，电动机停止运行。

2. 材料准备

请同学们根据电气原理图，选择适合型号的低压电器填入表 2-3。

表 2-3　电器元件明细表

符号	名称	规格型号	数量
M	三相异步电动机		
QF	低压断路器		
FU1	熔断器		
FU2	熔断器		
KM	交流接触器		
KA	中间继电器		
KT	时间继电器		
FR	热继电器		
HA	蜂鸣器		
HL	指示灯		
SB1	停止按钮		
SB2	启动按钮		
XT	端子排		
其他			

　　在安装前，应检查元器件：所用元器件的外观应完整无损，附件、备件齐全，并用万用表检测元器件及电动机的参数是否符合要求。

3. 电路安装

（1）绘制电器布置图：请根据电气原理图，绘制电器布置图。

（2）绘制电器元件安装接线图：根据电气原理图，将下图中的电气接线图补充完整。

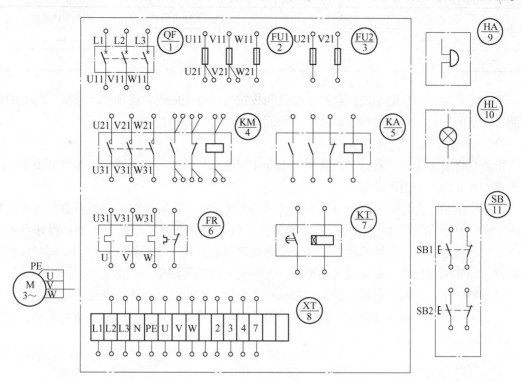

（3）电路安装接线：在控制板上按布置图安装电器元件，并贴上醒目的文字标识，按接线图在控制板上进行线槽布线。

（4）通电前的检测：

控制电路检测：

项目	U21~V21 电阻	说明
断开 QF	∞	V21~V21 不通，控制电路不得电
合上 QF，按下按钮 SB2	KA 线圈直流电阻	V21~V21 接通，控制电路 KA 线圈得电
合上 QF，按下按钮 KA 可动部分	KA 线圈直流电阻	V21~V21 接通，控制电路 KA 线圈得电，KA 自锁触头起作用
合上 QF，按下按钮 KM 可动部分	KM 线圈直流电阻	V21~V21 接通，控制电路 KM 线圈得电
按下按钮 KA 可动部分，并按下 SB1	$R \rightarrow \infty$	V21~V21 接通后断开，停止按钮起作用

报警电路检测：

项目	1~N 电阻	说明
合上 QF	∞	1~N 不通，报警电路不得电
合上 QF，并按下 KA 可动部分	R	1~N 接通，报警电路启动

主电路检测：

项目	U11−V11 电阻	V11−W11 电阻	W11−U11 电阻
合上 QF，未做其他操作	∞	∞	∞
按下 KM 的可动部分	R	R	R

检测无误后，安装电动机：连接电动机和按钮金属外壳的保护接地线。连接三相电源灯控制板外部的导线，并再次对主电路进行相间检测和每一相的检测。

（5）通电试车。

检查合格后，清点工具材料，将热继电器按照电动机的额定电流整定，为保证安全，在一人操作一人监护下通电试车。

空操作试验：先切除主电路（可断开主电路熔断器），装好控制电路熔断器，接通三相电源，使线路不带负荷（电动机）通电操作，以检查辅助电路工作是否正常；操作各按钮检查它们对接触器、继电器的控制作用；检查接触器的自锁、联锁等控制作用。同时观察各电器操作动作的灵活性，有无过大的噪声，线圈有无过热等现象。

带负荷试车：控制线路经空操作试验动作无误后，即可切断电源，接通主电路，带负荷试车。如果发现电动机启动困难、发出噪声及线圈过热等异常现象，应按下急停按钮，切断电源后检查故障。

 任务评价

评价内容	操作要求	评价标准	配分	扣分
电路图识读	（1）正确识别控制电路中各种电器图形符号及功能； （2）正确分析控制电路工作原理	（1）电器图形符号不认识，每处扣1分； （2）电器元件功能不知道，每处扣1分； （3）电路工作原理分析不正确，每处扣1分	10	
装前准备	（1）器材齐全； （2）电器元件型号、规格符合要求； （3）检查电器元件外观、附件、备件； （4）用仪表检查电器元件质量	（1）器材缺少，每件扣1分； （2）电器元件型号、规格不符合要求，每件扣1分； （3）漏检或错检，每处扣1分	10	
元器件安装	（1）按电器布置图安装； （2）元件安装不牢固； （3）元件安装整齐、匀称、合理； （4）不能损坏元件	（1）不按布置图安装，扣10分； （2）元件安装不牢固，每只扣4分； （3）元件布置不整齐、不匀称、不合理，每项扣2分； （4）损坏元件，每只扣10分； （5）元件安装错误，每件扣3分	10	

续表

评价内容	操作要求	评价标准	配分	扣分
导线连接	(1) 按电路图或接线图接线； (2) 布线符合工艺要求； (3) 接点符合工艺要求； (4) 不损伤导线绝缘或线芯； (5) 套装编码套管； (6) 软线套线鼻； (7) 接地线安装	(1) 未按电路图或接线图接线，扣20分； (2) 布线不符合工艺要求，每处扣3分； (3) 接点有松动、露铜过长、反圈、压绝缘层，每处扣2分； (4) 损伤导线绝缘层或线芯，每根扣5分； (5) 编码套管套装不正确或漏套，每处扣2分； (6) 不套线鼻，每处扣1分； (7) 漏接接地线，扣10分	40	
通电试车	在保证人身和设备安全的前提下，通电试验一次成功	(1) 热继电器整定值错误或未整定，扣5分； (2) 时间继电器的延时时间未整定或整定错误扣5分； (3) 主电路、控制电路配错熔体，各扣5分； (4) 验电操作不规范，扣10分； (5) 一次试车不成功扣5分，二次试车不成功扣10分，三次试车不成功扣15分	20	
工具、仪表使用	工具、仪表使用规范	(1) 工具、仪表使用不规范每次酌情扣1~3分； (2) 损坏工具、仪表扣5分	10	
故障检修	(1) 正确分析故障范围； (2) 查找故障并正确处理	(1) 故障范围分析错误，从总分中扣5分； (2) 查找故障的方法错误，从总分中扣5分； (3) 故障点判断错误，从总分中扣5分； (4) 故障处理不正确，从总分中扣5分	10	
技术资料归档	技术资料完整并归档	技术资料不完整或不归档，酌情从总分中扣3~5分	5	
安全文明生产	(1) 要求材料无浪费，现场整洁干净； (2) 工具摆放整齐，废品清理分类符合要求； (3) 遵守安全操作规程，不发生任何安全事故。 如违反安全文明生产要求，酌情扣5~40分，情节严重者，可判本次技能操作训练为零分，甚至取消本次实训资格		20	

续表

评价内容	操作要求		评价标准		配分	扣分
定额时间	180 min，每超时 5 min 扣 5 分				5	
开始时间		结束时间		实际时间	成绩	

任务拓展

　　请同学们参考本案例，设计电动机的延时停止控制电路，具体要求为：按下启动按钮，电动机立即启动，按下停止按钮，延时 10 s 后电动机停止。

任务二　两条传送带构成的物料运输系统控制电路的安装与调试

情景导入

生产实践中常常要求各种运动部件之间能够按一定顺序工作。如传送带在运输物料时为防止物料堆积，要求第一台电动机启动后，第二台电动机才可以启动，第二台电动机启动后第三台电动机才可以启动，而且要求逆序停止。车床主轴转动的时候要求油泵先给齿轮箱供油润滑，即要求保证润滑油泵电动机启动以后主轴电动机才允许启动，主轴电动机启动之后，冷却泵电动机才可以启动，对控制电路提出了按顺序工作的要求。

任务分析

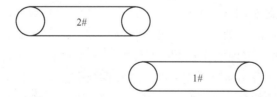

如图所示的两条传送带运输机构成的物料运输系统，要求：（1）按下启动按钮，1#电动机先启动，经过一定时间延时后，2#电动机自行启动，以免货物在传送带上堆积；（2）按下停止按钮，2#电动机先停止，经过一定时间延时后，1#电动机自行停止，以保证停车后传送带上不残存货物。

分析：M1 启动后 M2 才能启动，可以将控制 M1 的接触器 KM1 的常开触点串接在 M2 的线圈电路中，因为启动用的是常开触点；如要求经过一定时间后 M2 才能启动，则可以将通电延时型时间继电器的延时常开触点串接在 M2 的线圈电路中。逆序停止：M2 先停止，可将控制 M2 的接触器 KM2 的常开触点并联在 M1 的停止按钮两端，如要求间隔一定时间后 M1 自动停止，可将断电延时性时间继电器的延时断开触点串接在 KM1 线圈电路中。

 任务实施

能够完成多台电动机顺序控制的方法有很多，顺序控制的要求也有多种，本项目以两台电动机常见的顺序控制方式为例进行说明。

$$顺序控制电路 \begin{cases} 主电路的顺序控制 \\ 控制电路的顺序控制 \end{cases}$$

常见的顺序控制电路有以下几种：

电动机	启动	停止
M1、M2	M1 启动后，M2 才能启动	M1 和 M2 同时停止
M1、M2	M1 启动后，M2 才能启动	M1 停止后，M2 立即停止，M1 运行时，M2 可以单独停止
M1、M2	M1 启动后，M2 才能启动	M1 和 M2 可以单独停止
M1、M2	M1 启动后，M2 才能启动	M2 停止后 M1 才能停止。过载时两台电动机同时停止
M1、M2	M1 启动后，经过一定时间后 M2 自行启动	M1 和 M2 同时停止
M1、M2	M1 启动后，经过一定时间后 M2 自行启动	M2 先停止，经过一定时间后 M2 自行停止

1. 识读电路图

主电路的顺序控制：

主电路要控制两台三相异步电动机，三相电源应接到两台电动机上，将 KM1 的主触点串接在 KM2 主触点的上方，因此只有 KM1 的主触点闭合，第一台电动机 M1 启动后，KM2 才能使电动机 M2 通电启动，实现电动机 M1、M2 的顺序启动。如图 2-2-1 所示。

电路工作过程：按下 SB1，KM1 得电并自锁，主触头闭合，电动机 M2 启动；按下 SB2，KM2 得电并自锁，其主触头闭合，电动机 M2 启动。按下 SB3，两台电动机同时停车。

主电路的顺序控制中的电动机 M2 还可以将插接器、转换开关等串接在 KM1 的主触头下方，实现顺序控制。M7120 型平面磨床的砂轮电动机和冷却泵电动机就是采用插接器连接的方式实现顺序控制，CA6140 型车床的主轴电动机和冷却泵电动机是采用转换开关连接的主电路顺序控制电路。如图 2-2-2 所示。

主电路的顺序控制

工作工程请同学们自行分析。

控制电路的顺序控制

（1）控制要求：M1 启动后，M2 才能启动，M1 和 M2 同时停止。电气原理图如图2-2-3所示。

启动过程：合上开关 QS，按下 SB2，KM1 得电并自锁，KM1 主触

顺序启动，同时停止

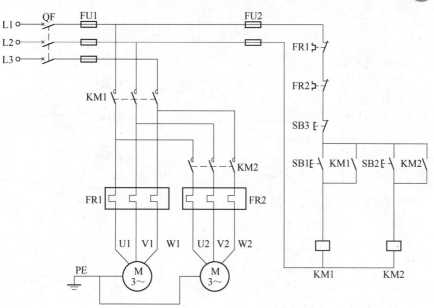

图 2-2-1 主电路

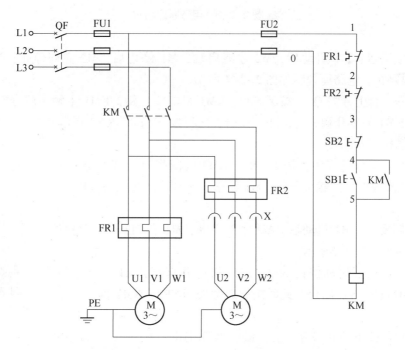

图 2-2-2 主电路的顺序控制电路

头闭合，电动机 M1 启动；同时 KM1 的常开触头（7、8）闭合，之后按下 SB4，KM2 得电并自锁，KM2 的主触头闭合，电动机 M2 启动。

停车过程：按下停车按钮 SB1，KM1 和 KM2 线圈同时失电，主触头分断，电动机 M1、M2 同时停转。

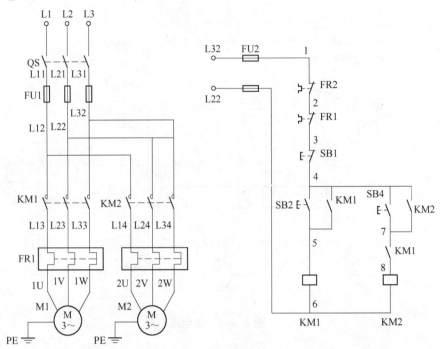

图 2-2-3　电气原理图

（2）控制要求：M1 启动后，M2 才能启动，M1 停止后，M2 立即停止，M1 运行时，M2 可以单独停止。电路原理图如图 2-2-4 所示。

启动过程：合上开关 QS，按下 SB2，KM1 得电并自锁，KM1 主触头闭合，电动机 M1 启动；同时 KM1 的常开触头（8、9）闭合，之后按下 SB4，KM2 得电并自锁，KM2 的主触头闭合，电动机 M2 启动。

停车过程：运行过程中，按下 SB3，KM2 线圈失电，其主触头分断，M2 停车。按下 SB1，KM1 线圈失电，主触头分断，M1 停车，同时其常开触头（8、9）复位，KM2 线圈失电，M2 停车。

（3）控制要求：M1 启动后，M2 才能启动，M1 和 M2 可以单独停止。控制电路如图2-2-5所示。

启动过程：按下启动按钮 SB2，KM1 得电并自锁，M1 启动运转，连锁触点 KM1（7、8）闭合，此时按下启动按钮 SB4，KM2 得电自锁，M2 启动运转。

停车过程：按下停止按钮 SB1，KM1 线圈失电，M1 停止；按下停止按钮 SB2，KM2 线圈失电，M2 停止。

顺序起动，
M2 可单独停止

（4）控制要求：M1 启动后，M2 才能启动，M2 停止后 M1 才能停止。过载时两台电动机同时停止。控制电路如图 2-2-6 所示。

启动过程：按下启动按钮 SB2，KM1 得电并自锁，M1 启动运转，连锁触点 KM1（7、8）闭合，此时按下启动按钮 SB4，KM2 得电自锁，M2 启动运转。

顺序起动，
逆序停止

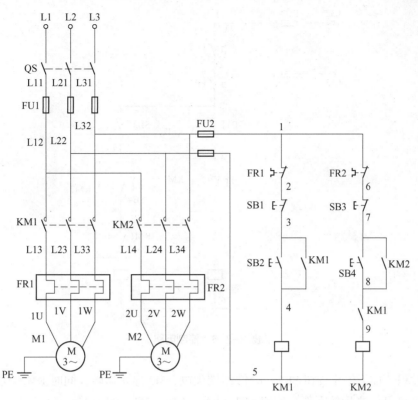

图 2-2-4　电路原理图

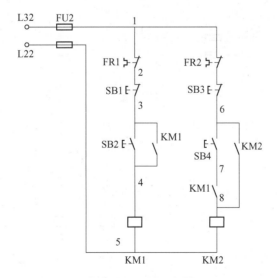

图 2-2-5　控制电路

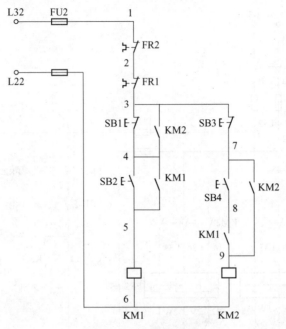

图 2-2-6　控制电路

停车过程：按下停止按钮 SB3，KM2 线圈失电，M2 停止运转，同时 KM2 的连锁常开触点（3、4）断开，之后按下停止按钮 SB1，KM1 失电，M1 停止运转。

（5）M1 启动后，经过一定时间后 M2 自行启动，M1 和 M2 同时停止。控制电路如图 2-2-7 所示。

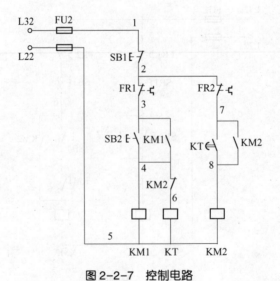

图 2-2-7　控制电路

（6）两条传送带构成的物料运输系统控制电路的设计：M1 启动后，经过一定时间后 M2 自行启动，M2 停止后，经过一定时间后 M1 自行停止。控制电路请同学们尝试自行绘制在下方空白处：

2. 材料准备

由于本任务中控制电路形式较多，篇幅所限无法一一陈述，以两条传送带运输机构成的物料运输系统的控制电路为例进行安装调试所需的步骤说明。请同学们将所需材料清单补充完整。

符号	名称	型号与规格	数量
1	三相异步电动机	Y132M-4-B3 4 kW，380 V，8.8 A，1 450 r/min	2
2	三相断路器	三相，20 A，DZ5-20 或自定	1
3	交流接触器	CJX2-1210，线圈电压 380 V，10 A	2
4	热继电器	JR36-20/3D 15.4 A 整定电流 8.8 A	2
5	熔断器	RL1-60/25，500 V	3
6	熔断器	RL1-15/2，500 V	2
7	控制按钮	LA10-3H，5 A，红、绿、黑三色	1
8	端子板	JX2-1015	1
9	中间继电器		
10	通电延时型时间继电器		
11	断电延时型时间继电器		

在安装前，应检查元器件：所用元器件的外观应完整无损，附件、备件齐全，并用万用表检测元器件及电动机的参数是否符合要求。

3. 电路安装

（1）绘制电器布置图：根据电气原理图，绘制元器件安装布置图。

（2）绘制电器元件安装接线图：根据电气原理图，将安装接线图补充完整。

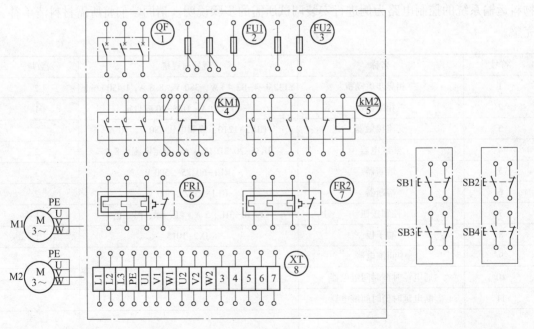

（3）电路安装接线：在控制板上按布置图安装电器元件，并贴上醒目的文字标识，按接线图在控制板上进行线槽布线。

（4）通电前的检测：

控制电路检测：

主电路检测：

检测无误后，安装电动机：连接电动机和按钮金属外壳的保护接地线。连接三相电源灯控制板外部的导线，并再次对主电路进行相间检测和每一相的检测。

顺序控制电路常见的故障分析与处理如下：

故障现象	故障分析	故障处理
按下 SB3、SB4 M1、M2 均不能启动	（1）低压断路器未接通； （2）熔断器熔芯熔断； 热继电器未复位	（1）检查 QF，如上接线端有电，下接线端没电，QF 存在故障检修或更换，如果下接线端有电，QF 正常； （2）FU 熔芯熔断更换同规格熔芯； （3）复位 FR 常闭触头
M1 启动后，按下 SB4，M2 不能启动	（1）KM2 线圈控制电路不通； （2）KM1 常开辅助触头故障； （3）M2 电源缺相或没电； （4）M2 电动机烧坏	（1）检查 KM2 线圈电路导线有无脱落，若有脱落恢复；检查 KM2 线圈是否损坏，如损坏更换；检查 SB3 按钮是否正常，若不正常修复或更换； （2）检查 KM1 常开辅助触头是否闭合，不闭合修复； （3）检查 KM1 主触头以下至 M2 部分有无导线脱落，如有脱落恢复；检查 KM2 主触头是否存在故障，若存在修复或更换接触器； （4）拆下 M2 电源线，检修电动机

（5）通电试车。

检查合格后，清点工具材料，将热继电器按照电动机的额定电流整定，为保证安全，在一人操作一人监护下通电试车。

空操作试验：先切除主电路（可断开主电路熔断器），装好控制电路熔断器，接通三相电源，使线路不带负荷（电动机）通电操作，以检查辅助电路工作是否正常；操作各按钮检查它们对接触器、继电器的控制作用；检查接触器的自锁、联锁等控制作用。同时观察各电器操作动作的灵活性，有无过大的噪声，线圈有无过热等现象。

带负荷试车：控制线路经空操作试验动作无误后，即可切断电源，接通主电路，带负荷试车。如果发现电动机启动困难、发出噪声及线圈过热等异常现象，应按下急停按钮，切断电源后检查故障。

 任务评价

评价内容	操作要求	评价标准	配分	扣分
电路图识读	（1）正确识别控制电路中各种电器图形符号及功能； （2）正确分析控制电路工作原理	（1）电器图形符号不认识，每处扣 1 分； （2）电器元件功能不知道，每处扣 1 分； （3）电路工作原理分析不正确，每处扣 1 分	10	

续表

评价内容	操作要求	评价标准	配分	扣分
装前准备	（1）器材齐全； （2）电器元件型号、规格符合要求； （3）检查电器元件外观、附件、备件； （4）用仪表检查电器元件质量	（1）器材缺少，每件扣1分； （2）电器元件型号、规格不符合要求，每件扣1分； （3）漏检或错检，每处扣1分	10	
元器件安装	（1）按电器布置图安装； （2）元件安装不牢固； （3）元件安装整齐、匀称、合理； （4）不能损坏元件	（1）不按布置图安装，扣10分； （2）元件安装不牢固，每只扣4分； （3）元件布置不整齐、不匀称、不合理，每项扣2分； （4）损坏元件，每只扣10分； （5）元件安装错误，每件扣3分	10	
导线连接	（1）按电路图或接线图接线； （2）布线符合工艺要求； （3）接点符合工艺要求； （4）不损伤导线绝缘或线芯； （5）套装编码套管； （6）软线套线鼻； （7）接地线安装	（1）未按电路图或接线图接线，扣20分； （2）布线不符合工艺要求，每处扣3分； （3）接点有松动、露铜过长、反圈、压绝缘层，每处扣2分； （4）损伤导线绝缘层或线芯，每根扣5分； （5）编码套管套装不正确或漏套，每处扣2分； （6）不套线鼻，每处扣1分； （7）漏接地线，扣10分	40	
通电试车	在保证人身和设备安全的前提下，通电试验一次成功	（1）热继电器整定值错误或未整定扣5分； （2）时间继电器的延时时间未整定或整定错误扣5分； （3）主电路、控制电路配错熔体，各扣5分； （4）验电操作不规范，扣10分； （5）一次试车不成功扣5分，二次试车不成功扣10分，三次试车不成功扣15分	20	
工具、仪表使用	工具、仪表使用规范	（1）工具、仪表使用不规范每次酌情扣1~3分； （2）损坏工具、仪表扣5分	10	
故障检修	（1）正确分析故障范围； （2）查找故障并正确处理	（1）故障范围分析错误，从总分中扣5分； （2）查找故障的方法错误，从总分中扣5分； （3）故障点判断错误，从总分中扣5分； （4）故障处理不正确，从总分中扣5分	10	
技术资料归档	技术资料完整并归档	技术资料不完整或不归档，酌情从总分中扣3~5分	5	

续表

评价内容	操作要求		评价标准		配分	扣分
安全文明生产	（1）要求材料无浪费，现场整洁干净； （2）工具摆放整齐，废品清理分类符合要求； （3）遵守安全操作规程，不发生任何安全事故。 　　如违反安全文明生产要求，酌情扣 5~40 分，情节严重者，可判本次技能操作训练为零分，甚至取消本次实训资格				20	
定额时间	180 min，每超时 5 min 扣 5 分				5	
开始时间		结束时间		实际时间	成绩	

 任务拓展

　　请同学们参考本案例，将其余五种控制电路的元件布置图和安装接线图补充完整。

项目三　水泵运行系统控制电路的设计与安装调试

★知识目标

1. 掌握三相异步电动机启动方式及常用的几种降压启动。

2. 掌握星形-三角形自动降压启动控制线路的工作原理。

3. 掌握软启动控制线路的工作原理。

★技能目标

1. 学会识读电气原理图，并根据原理图绘制安装接线图。

2. 学会三相异步电动机星形、三角形的正确接线。

3. 学会正确安装、调试、检修星形-三角形自动降压启动控制线路。

4. 学会处理好工作中已拆除的导线，以防止触电。

5. 工作完毕后，所有材料、工具、仪表灯随之归类放置。

★职业素养目标

1. 通过对线路工艺安装的要求，培养学生的审美能力。

2. 通过本课题的教学，培养学生主动观察、勇于发现的创新精神。

3. 通过分组合作，增强学生团队协作精神和竞争意识。

项目背景

水泵电动机广泛运用于不同领域，如运输、混合、印刷、农业机械等场合。以自来水厂为例，自来水厂的取水泵房和排水泵房使用的泵机功率在 7.5 kW 以上，工作时都需频繁启动，易产生较大冲击电流，导致泵机启动困难，供电线路电压损失增大，影响其他用电设备的正常运行。

为减少电动机启动时对机械和供电系统的影响，通常规定电源容量在 180 kV·A 以上，电动机功率在 7.5 kW 以下的三相异步电动机可直接启动，否则需要配备限制电动机启动电流的启动设备，比如采用星形–三角形转换，软启动，自耦降压等方式来实现电机启动。

水泵控制系统的星三角降压启动电路设计与安装调试

学习目标

1. 理解电动机星形-三角形的联结方式；
2. 理解时间继电器在星形-三角形降压启动控制电路中的作用；
3. 掌握星形-三角形降压启动的启动方式；
4. 掌握接线、试车和排除故障的方法。

情景导入

自来水厂的取水泵房和排水泵房的泵机启动时，电流较大，一般是额定电流的 5~7 倍，会对电网电压造成冲击，因电枢电流和电压成正比，故启动时可采用降低定子绕组上的电压。通过降低电压减小启动电流，从而达到减小对电网电压的影响，待电动机转速上升后再将电压恢复到额定值，使电动机在正常电压下运行。

任务分析

降压启动是指启动时降低加在电动机定子绕组上的电压，待电动机启动起来后，再将其电压恢复到额定值，使之运行在额定电压。降压启动可以减少启动电流，减少线路电压降，但电动机的电磁转矩与电动机定子端电压平方成正比，所以电动机的启动转矩相应减小，故降压启动适用于空载或轻载下启动。

知识点学习　三相异步电动机定子绕组的两种连接方式（见图 3-1-1）

三相异步电动机三相定子绕组的两种接线方式如图 3-1-1 所示。星形接法中，线电流等于相电流，线电压为相电压的 $\sqrt{3}$ 倍，三角形接法中，线电压等于相电压，线电流为相电流的 $\sqrt{3}$ 倍。

自来水厂的取水泵房和排水泵房的泵机启动时，把定子绕组接成星形，其启动电流（线电流）仅为三角形接法中启动电流（线电流）的 1/3，转矩也为三角形接法时的 1/3。就是将电源的三条火线分别与电机三个绕组的一个端点相连，将电机三个绕组的另一个端点同时与电源的零线相连，在这种接法下，电

星三角降压起动
工作原理视频

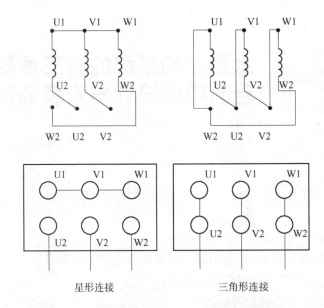

图 3-1-1　三相异步电动机定子绕组的两种连接方式

机每个绕组所承接的电压就是 220 V。由于施加的电压较低，所以启动时的电流会比较小，减少了对电网的冲击，电动机也比较容易启动。

当电动机转速上升至额定转速时，工作电流与启动时相比会大幅减少，这时由控制电路通过时间继电器和接触器的转换，将电动机定子绕组接成三角形，即三个绕组改成首尾相连，并将三角形的每个"角"与电源的三条火线相连，这时电动机绕组中所受到的电压变成了 380 V，电动机就能满负荷工作。星形-三角形降压启动方法只适用于轻载或空载的启动，且只适用于运行时绕组是三角形接法的电动机。

 任务实施　时间继电器自动控制星形-三角形降压启动线路设计

1. 识读电路图（见图 3-1-2）

图 3-1-2 所示为水泵运行系统按时间原则转换的星形-三角形降压启动电路。主电路中，KM1 是引入电源的接触器，KM3 是将电动机接成星形联结的接触器，KM2 是将电动机接成三角形连接的接触器，它的主触点将电动机三相绕组首尾相接。KM1、KM3 接通，电动机进行星形启动，KM1、KM2 接通，电动机进行三角形运行，KM2、KM3 不能同时接通，必须互锁。

控制线路方面，在设计上增加时间继电器，可以防止大容量电动机在星形-三角形转换过程中，由于转换时间短，电弧不能完全熄灭而造成的相间短路，其电路图如图 3-1-2 所示。电动机星形-三角形降压启动过程按时间原则进行，时间控制通过时间继电器的延时动作来实现。时间继电器的整定时间一般是指电动机的转速从零升高到额定转速所需要的时间。工作过程如下：

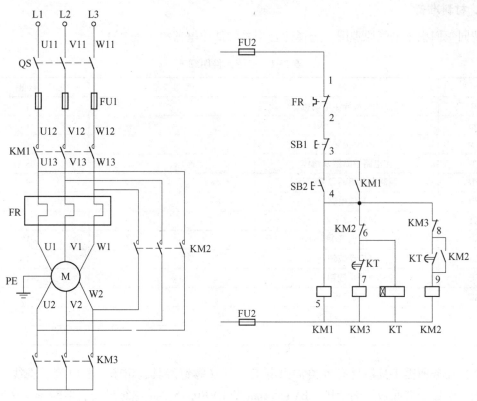

图3-1-2　水泵运行系统按时间原则转换的星形-三角形降压启动电路

合上电源开关QS。

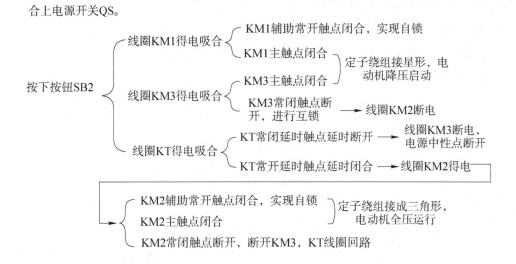

按下按钮SB1 ──→ KM1，KM2，KM3线圈断电释放 ──→ 电动机M断电停车。

　　电路运行过程中，需要注意，主电路中KM2与KM3主触点联锁，控制电路中一定要体现联锁，以免两个接触器同时吸合，造成主电路短路。为了体现绿色环保节约能源的理念，到达定时器延时时间，其他电路应立即接通，其自身线圈失电。

2. 材料准备

请同学们根据电气原理图，选择适合型号的低压电器填入表 3-1。

表 3-1 电器元件明细表

符号	名称	型号规格	数量
M	三相交流异步电动机		1
QS	三相闸刀开关		1
KM	交流接触器		3
FU	主电路熔断器及熔体		3
FU	控制电路熔断器及熔体		2
FR	热继电器		1
KT	时间继电器		1
SB	组合开关		1
SB	启动按钮		1
SB	停止按钮		1
XT	端子板		1
	导线、走线槽		若干
	其他		

本次任务所需工具器材有各类常用电工工具（螺钉旋具、钳子、验电笔、剥线钳等）、万用表、电器安装底板、端子排、BV1.5 mm 和 BVR0.75 mm² 绝缘导线、熔断器、交流接触器、热继电器、组合开关、按钮、三相交流异步电动机等。

在安装前，应检查元器件：所用元器件的外观应完整无损，附件、备件齐全，并用万用表检测元器件及电动机的参数是否符合要求。

3. 电路安装

（1）绘制电器布置图。

请根据电气原理图，绘制电器布置图，如图 3-1-3 所示。

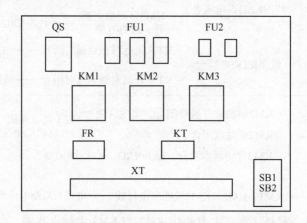

图 3-1-3　水泵运行系统的星形-三角形降压启动线路元件布置图

（2）根据电气原理图、电器布置图和电气原理中元件编号，查找对应元件，画出安装接线图，如图 3-1-4 所示。

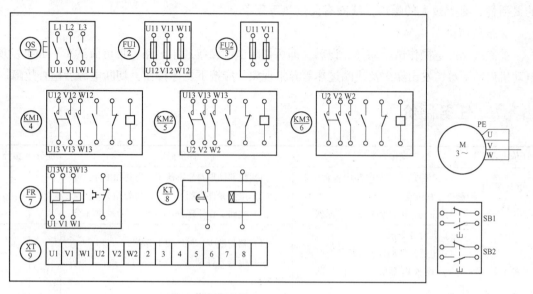

图 3-1-4　水泵运行系统的星形-三角形降压启动线路安装接线图

（3）电路安装接线。

在控制板上按电器布置图安装电器元件，并贴上醒目的文字标识，按接线图在控制板上进行线槽布线。

（4）通电前的检查。

①检查主电路。

接线完成后，断开电源开关，取下控制电路熔断器的熔体，断开控制电路。先按下 KM1 主触点，将万用表的转换开关置于电阻挡（一般选 $R \times 100$ 的挡位），用万用表依次测得 L1 至 U1、L2 至 V1、L3 至 W1 的电阻都为 0；再按下 KM2 主触点，用万用表依次测得 U1 至 W2、V1 至 U2、W1 至 V2 的电阻都为 0；最后按下 KM3 主触点，用万用表依次测得 U2、V2、W2 两两之间电阻为 0；L1、L2、L3 两两之间电阻为 ∞ 。

②检查控制电路。

将控制电路熔断器的熔体插好，检查按钮 SB1 时，安装好时间继电器，将万用表表笔放至 L1、L2 处，按下按钮 SB2，测得电阻应为两个交流接触器线圈并联的直流电阻值。

检查自锁、互锁电路时，按下 KM1 主触点，使 KM1 自锁的辅助常开触点闭合，测得电阻应为两个交流接触器线圈并联的直流电阻值；同时按下 KM1、KM3 主触点，测得电阻应为两个交流接触器线圈并联的直流电阻值。

停车检查，按下 SB2，再同时按下 SB1，则电阻应变为 ∞ 。

（5）通电试车。

检查合格后，清点工具材料，将热继电器按照电动机的额定电流整定，为保证安全，在一人操作一人监护下通电试车。

①空操作试验。

先切除主电路（可断开主电路熔断器），装好控制电路熔断器，接通三相电源，使线路不带负荷（电动机）通电操作，以检查辅助电路工作是否正常；操作各按钮检查它们对接触器、继电器的控制作用；检查接触器的自锁、联锁等控制作用。同时观察各电器操作动作的灵活性，有无过大的噪声，线圈有无过热等现象。

②带负荷试车。

控制线路经空操作试验动作无误后，即可切断电源，接通主电路，带负荷试车。如果发现电动机启动困难、发出噪声及线圈过热等异常现象，应按下急停按钮，切断电源后检查故障。

 任务评价

评价内容	操作要求	评价标准	配分	扣分
电路图识读	（1）正确识别控制电路中各种电器图形符号及功能； （2）正确分析控制电路工作原理	（1）电器图形符号不认识，每处扣1分； （2）电器元件功能不知道，每处扣1分； （3）电路工作原理分析不正确，每处扣1分	10	
装前准备	（1）器材齐全； （2）电器元件型号、规格符合要求； （3）检查电器元件外观、附件、备件； （4）用仪表检查电器元件质量	（1）器材缺少，每件扣1分； （2）电器元件型号、规格不符合要求，每件扣1分； （3）漏检或错检，每处扣1分	10	
元器件安装	（1）按电器布置图安装； （2）元件安装不牢固； （3）元件安装整齐、匀称、合理； （4）不能损坏元件	（1）不按布置图安装，扣10分； （2）元件安装不牢固，每只扣4分； （3）元件布置不整齐、不匀称、不合理，每项扣2分； （4）损坏元件，每只扣10分； （5）元件安装错误，每件扣3分	10	
导线连接	（1）按电路图或接线图接线； （2）布线符合工艺要求； （3）接点符合工艺要求； （4）不损伤导线绝缘或线芯； （5）套装编码套管； （6）软线套线鼻； （7）接地线安装	（1）未按电路图或接线图接线，扣20分； （2）布线不符合工艺要求，每处扣3分； （3）接点有松动、露铜过长、反圈、压绝缘层，每处扣2分； （4）损伤导线绝缘层或线芯，每根扣5分； （5）编码套管套装不正确或漏套，每处扣2分； （6）不套线鼻，每处扣1分； （7）漏接接地线，扣10分	40	
通电试车	在保证人身和设备安全的前提下，通电试验一次成功	（1）热继电器整定值错误或未整定扣5分； （2）时间继电器的延时时间未整定或整定错误扣5分； （3）主电路、控制电路配错熔体，各扣5分； （4）验电操作不规范，扣10分； （5）一次试车不成功扣5分，二次试车不成功扣10分，三次试车不成功扣15分	20	
工具、仪表使用	工具、仪表使用规范	（1）工具、仪表使用不规范每次酌情扣1~3分； （2）损坏工具、仪表扣5分	10	

续表

评价内容	操作要求	评价标准	配分	扣分
故障检修	（1）正确分析故障范围； （2）查找故障并正确处理	（1）故障范围分析错误，从总分中扣5分； （2）查找故障的方法错误，从总分中扣5分； （3）故障点判断错误，从总分中扣5分； （4）故障处理不正确，从总分中扣5分	10	
技术资料归档	技术资料完整并归档	技术资料不完整或不归档，酌情从总分中扣3~5分	5	
安全文明生产	（1）要求材料无浪费，现场整洁干净； （2）工具摆放整齐，废品清理分类符合要求； （3）遵守安全操作规程，不发生任何安全事故。 　　如违反安全文明生产要求，酌情扣5~40分，情节严重者，可判本次技能操作训练为零分，甚至取消本次实训资格		20	
定额时间	180 min，每超时5 min扣5分			5	
开始时间		结束时间	实际时间	成绩	

任务二 水泵控制系统的软启动电路设计与安装调试

学习目标

1. 掌握导通角对晶闸管电压的影响。
2. 理解晶闸管在软启动控制电路中的作用。
3. 理解软启动电路工作原理。

情景导入

自来水厂的取水泵房和排水泵房的泵机采用星形-三角形降压启动方式，启动转矩不大，启动电流较大，启动过程中易产生二次甚至三次冲击电流，发热严重，启动快结束时会产生一个速度的突变，引起冲击效应。近年来，随着科技的发展，利用晶闸管交流调压技术制作的软启动器可基本替代星形-三角形降压启动方式，对电动机的启动和停止提供保护。通过改变晶闸管的触发角，提供可以调节的平稳的无级加速，实现启动无冲击。其广泛应用于风机、水泵、输送类及压缩机等负载，是传统的星形-三角形转换、自耦降压、磁控降压等降压设备的理想换代产品。

任务分析

软启动器是一种集电动机软启动、软停车、轻载节能和多种保护功能于一体的新颖电动机控制装置，采用三相反并联晶闸管作为调压器，将其接入电源和电动机定子之间。自来水厂的取水泵房和排水泵房的泵机使用软启动器启动电动机时，晶闸管的输出电压逐渐增加，电动机逐渐加速，直至晶闸管全导通，电动机工作在额定电压的机械特性上，即实现平滑启动，降低启动电流，避免启动过流跳闸。

1. 晶闸管

晶闸管具有单向导电特性，并且晶闸管的导通是通过门极进行控制的。即晶闸管的阳极与阴极间加正向电压，同时门极与阴极间加正向电压，晶闸管才能导通；当通过晶闸管的电流小于维持电流，或者阳极与阴极间的电压减小为零，或者将阳极与阴极间加反向电压，晶闸管将截止。晶闸管一旦触发导通，就能维持导通状态，门极失去控制作用。要使导通的晶闸管关断，必须减小阳极电流到维持电流以下。如图3-2-1所示。

从晶闸管开始承受正向电压到被触发导通所对应的电角度称为控制角 α。晶闸管实际导通的角度称为导通角 θ，$\alpha+\theta=\pi$。改变 α 的大小，即可改变输出电压 u_L 的波形。α 越大，θ 越小。晶闸管的相位控制，改变晶闸管控制角 α 的大小，就可以改变交流电压的大小，从而

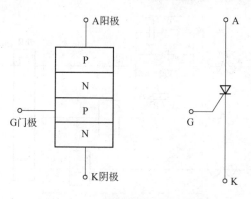

图 3-2-1　晶闸管的结构和符号

起到调压的作用。晶闸管的控制角与导通角如图 3-2-2 所示。

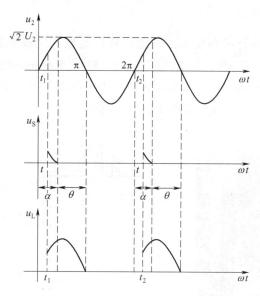

图 3-2-2　晶闸管的控制角与导通角

2. 软启动器的工作原理电路图（见图 3-2-3）

在软启动器中，三相交流电源与被控制电动机之间串有三相反并联晶闸管（又称双向可控硅）及电子控制电路。软启动器通过单片机来控制晶闸管触发脉冲、触发导通角的大小，进而改变晶闸管的导通程度，从而改变了加到电动机定子线圈绕组的三相电压。由于三相异步电动机的转矩近似于与定子电压的平方成正比。当晶闸管导通角从 0° 开始上升时，晶闸管的输出电压开始增加，电动机开始启动，随着导通角的增大，晶闸管的输出电压也逐渐增高，电动机开始加速，直到晶闸管完全导通，电动机在额定电压下正常工作，实现平滑启动，降低启动电流，避免启动过流跳闸。

待电动机达到额定转数时，启动过程结束，软启动器自动用旁路接触器取代已完成任务的晶闸管，为电动机正常运转提供额定电压，以降低晶闸管的热损耗，延长软启动器的使用寿命，提供工作效率，避免谐波污染电网，防止"水锤"效应。

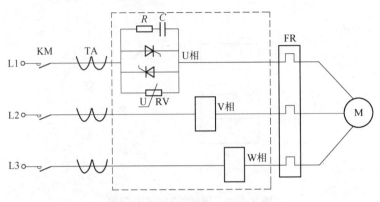

图 3-2-3　软启动器的工作原理

 任务实施

目前世界上许多电气公司都在生产智能化软启动器，比较知名的产品如 ABB 生产的 Softstrat-PSA，功率在 4~37 kW，加速时间在 0.5~30 s，Softstrat-PSD，功率在 22~560 kW，加速时间在 0.5~60 s，Siemens 生产的 3RW22，功率在 2.2~1 000 kW，加速时间在 0.3~180 s 等。软启动器外形图及接线图如图 3-2-4 所示。

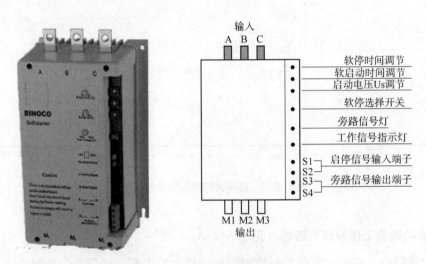

图 3-2-4　软启动器外形图及接线图

本次项目使用的即是图 3-2-4 所示的西诺克 Sinoco 系列软启动器，采用美国硅谷最新控制技术设计生产的数字式三相电动机软启停控制设备，其特点是体积小巧，适应能力强。

1. 识读电路图

图 3-2-5 所示为水泵运行系统的软启动电路图。主电路中，软启动器 Sinoco-SS2 实现电路的软启动和软停车，KM 接通时，电动机进行全压运行。控制电路使用中间继电器控制软启动器 Sinoco-SS2 的启停信号输入端子 S1、S2 和旁路信号输出端子 S3、S4 得电失电。

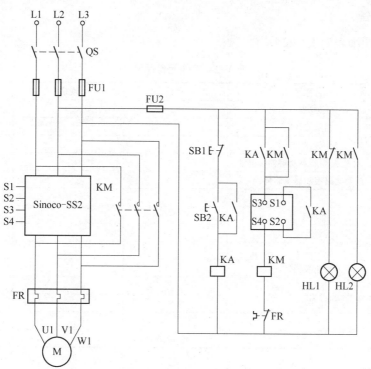

图 3-2-5 水泵运行系统的软启动电路图

其工作过程如下：

合上电源开关QS ⟶ 指示灯HL1亮

按下按钮SB2 ⟶ 线圈KA得电吸合 ⟶ KA辅助常开触点闭合 ⟶ 通过软启动器启停信号输入端子S1、S2给控制器输送启动信号

电动机M按设定程序软启动 ⟶ 软启动器输出旁路信号使S3、S4闭合 ⟶ KM线圈得电，实现自锁 ⟶ KM主触点接通 / KM辅助常闭触点断开，指示灯HL1灭 ⟶ 电动机M全压运行 / KM辅助常开触点闭合，指示灯HL2亮

按下按钮SB1 ⟶ 线圈KA失电 ⟶ KA辅助常开触点断开 ⟶ 通过软启动器起停信号输入端子S1、S2给控制器输送停止信号

软启动器使S3、S4断开 ⟶ 线圈KM失电 ⟶ KM主触点断开，使软起动器接入 / KM辅助常闭触点闭合，指示灯HL1亮 ⟶ 电动机M按设定过程停车 / KM辅助常开触点断开，指示灯HL2灭

2. 材料准备

电器元件明细表如表 3-2 所示。

表 3-2　电器元件明细表

符号	名称	型号	规格	数量
M	三相交流异步电动机			1
QS	三相闸刀开关			1
KM	交流接触器			3
FU	主电路熔断器及熔体			3
FU	控制电路熔断器及熔体			2
FR	热继电器			1
KA	中间继电器			1
SB	组合开关			1
SB	启动按钮			1
SB	停止按钮			1
HL	指示灯			2
XT	端子板			1
	导线、走线槽			若干

本次任务所需工具器材有各类常用电工工具（螺钉旋具、钳子、验电笔、剥线钳等）、万用表、电器安装底板、端子排、BV1.5 mm 和 BVR0.75 mm^2 绝缘导线、熔断器、交流接触器、热继电器、组合开关、按钮、三相交流异步电动机等。

在安装前，应检查元器件：所用元器件的外观应完整无损，附件、备件齐全，并用万用表检测元器件及电动机的参数是否符合要求。

3. 电路安装

绘制电器布置图。本项目重在理解，且课时安排有限，可不进行接线，仅进行分析。其电器布置图如图 3-2-6 所示。

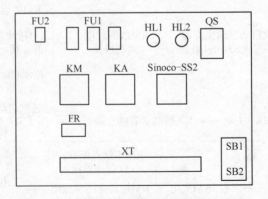

图 3-2-6　水泵运行系统软启动的电器布置图

注意事项：平时注意检查软启动器的环境条件，防止在超过其允许的环境条件下运行。注意检查软启动器周围是否有妨碍其通风散热的物体，确保软启动器四周有足够的空间

（大于 150 mm）。定期检查配电线端子是否松动，柜内元器件是否有过热、变色、焦味等异常现象。定期清扫灰尘，以免影响散热，防止晶闸管因温升过高而损坏，同时也可避免因积尘引起的漏电和短路事故。清扫灰尘可用干燥的毛刷进行，也可用皮老虎吹和吸尘器吸。对于大块污垢，可用绝缘棒去除。若有条件，可用 0.6 MPa 左右的压缩空气吹除。平时注意观察风机的运行情况，一旦发现风机转速慢或异常，应及时修理（如清除油垢、积尘，加润滑油，更换损坏或变质的电容器）。对损坏的风机要及时更换。在没有风机的情况下使用软启动器，将会损坏晶闸管。如果软启动器使用环境较潮湿或易结露，应经常用红外灯泡或电吹风烘干，驱除潮气，以避免漏电或短路事故的发生。

 拓展提高

下面将三种启动方式进行对比，可作为选择的依据（见表 3-3）。

表 3-3　几种电动机启动方法比较

项目	直接启动	星形-三角形启动	软启动
	电动机启动器和接触器	电动机启动器和 3 个接触器（包括定时功能）	电动机启动器和软启动器
优点	*初始投资相对较低； *电动机启动器中的功率损耗较低； *具有电气隔离功能，适用于安全应用； *启动时具有极高转矩，启动速度快	*功率损耗相对较低； *启动时的电流和转矩峰值较低； *具有固定的低启动转矩，大多适合软启动	*可避免电流峰值，电网承受的压力较低； *机械启动和降速转矩低，机械磨损小； *启动和停止期间的所有条件均可自由调节； *启动斜坡可自由调节，实现最佳的软启动解决方案； *采用软启动器，与星形-三角形启动相比可大大节省空间
缺点	*启动期间的电流峰值会对电网带来很高压力； *启动时的转矩峰值会对机械部件带来很高机械应力	*与直接启动相比，初始投资较高； *星形-三角形连接方式切换时产生的电流/转矩峰值会带来中等级别的电网压力/机械部件应力冲击； *每台电动机需要使用 3 个接触器，在控制柜内占用的空间较大； 控制柜内的接线量大大增加（6 线而不是 3 线）	*电动机可能会因启动时间较长而承受较高温度； *只有使用至少一个额外接触器，才可实现电气隔离
应用场所	*用于较低功率等级（< 7.5 kW）； *用于简单启动应用	*用于较高功率等级（> 7.5 kW）； *用于简单启动应用； *因具有电气隔离功能，适用于安全应用	*用于较高功率等级（> 7.5 kW）； *用于要求更高的应用，即需要在启动和停止过程降低转矩

直接启动、星形-三角形启动和软启动的电动机电压、电流、转矩对比如图 3-2-7

所示。

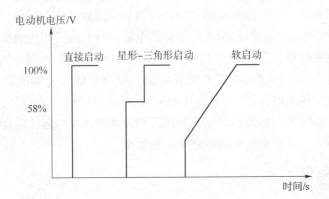

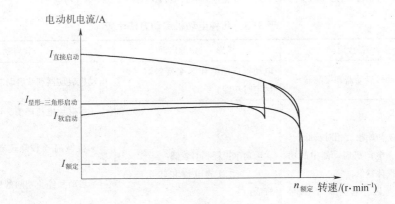

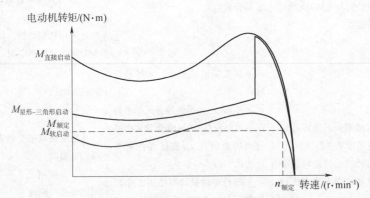

图 3-2-7　直接启动、星形-三角形启动和软启动的电动机电压、电流、转矩对比

拓展　其他降压启动控制电路

1. 定子绕组串电阻降压启动控制电路

定子绕组串电阻降压启动，是电动机启动时在三相定子电路中串接电阻，通过电阻的分压作用，使电动机定子绕组电压降低，启动后，再将电阻短接，电动机在额定电压下正常运行。启动电阻一般采用由电阻丝绕制的板式电阻或铸铁电阻，它的阻值小，功率大，允许通

过较大的电流。常用的启动电阻有 ZX1、ZX2、ZX15 系列。

图 3-2-8 所示为三相笼型异步电动机定子绕组串电阻降压启动控制电路。这种启动方式不受电动机定子绕组接线形式的限制，较为方便。但由于串入电阻，启动时在电阻上的电能损耗较大，适用于不频繁启动场合。工作过程如下：

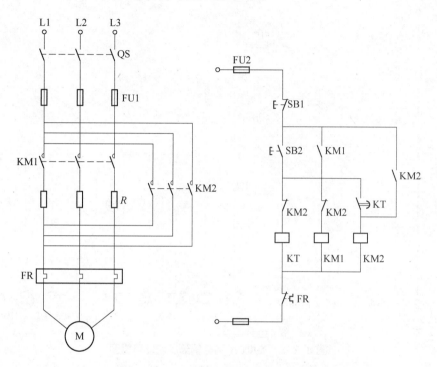

图 3-2-8　三相笼型异步电动机定子绕组串电阻降压启动控制电路

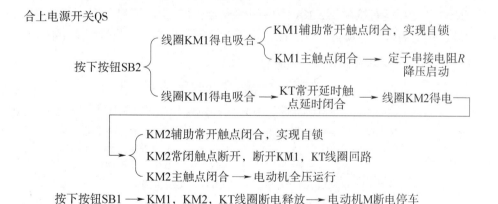

2. 自耦变压器降压启动控制电路

自耦变压器降压启动（补偿器减压启动）是指利用自耦变压器来降低加在电动机三相定子绕组上的电压，达到限制启动电流的目的。电动机启动时，定子绕组得到的电压是自耦变压器的二次电压，一旦启动完毕，自耦变压器便被切除，电动机全压正常运行。

自耦变压器降压启动分为手动与自动操作两种。手动的补偿器有 QJ3、QJ5 等型号，自动操作的补偿器有 XJ01 型和 CT2 系列等。QJ3 型手动控制补偿器有 65%、80% 两组抽头。可以根据启动时负载大小来选择，出厂时接在 65% 的抽头上。XJ01 型补偿降压启动器适用于 14~28 kW 的电动机，其控制电路如图 3-2-9 所示。

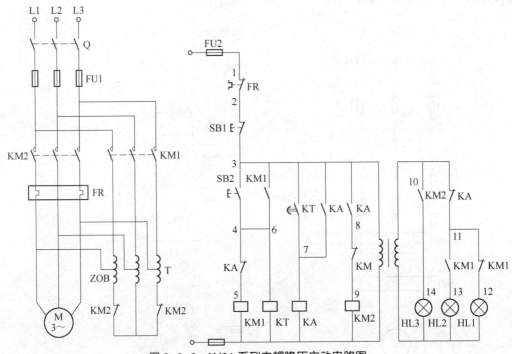

图 3-2-9　XJ01 系列自耦降压启动电路图

自动控制的自耦降压启动器电路由自耦变压器、交流接触器、热继电器、时间继电器、按钮等元件组成。图 3-2-9 所示为 XJ01 系列自耦降压启动电路图。其中 KM1 为降压启动接触器，KM2 为全压运行接触器，KA 为中间继电器，KT 为降压启动时间继电器，HL1 为电源指示灯，HL2 为降压启动指示灯，HL3 为正常运行指示灯。工作过程如下：

3. 延边三角形降压启动控制电路

延边三角形降压启动方式是在每相定子绕组中引出一个抽头,电动机启动时将一部分定子绕组接成三角形联结,另一部分定子绕组接成星形联结,使整个绕组接成延边三角形,经过一段时间,电动机启动结束后,再将定子绕组接触三角形全压运行,以减小启动电流。采用延边三角形减压启动,电动机共有九个出线端,绕组联结如图 3-2-10 所示。

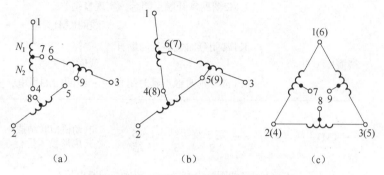

图 3-2-10　延边三角形绕组联结示意图

(a) 原始状态;(b) 延边三角形联结;(c) 三角形联结

电动机定子绕组作延边三角形接线时,每相定子绕组承受的电压大于星形联结时的相电压,而小于三角形联结时的相电压,启动转矩大于星形-三角形降压启动时的转矩。但延边三角形降压启动方法仅适用于定子绕组有抽头的特殊三相交流异步电动机。工作过程如图 3-2-11 所示。

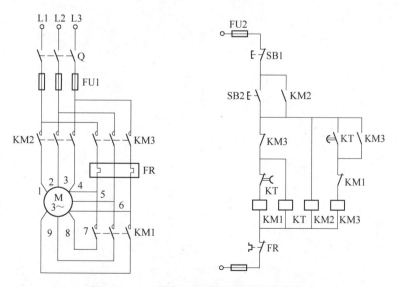

图 3-2-11　延边三角形降压启动控制线路

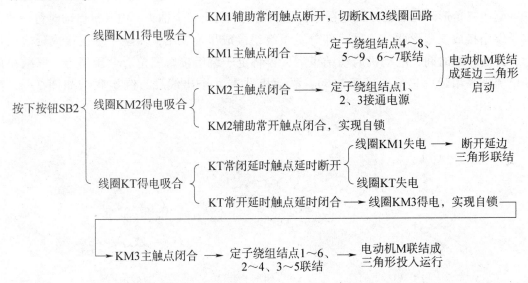

合上电源开关QS

按下按钮SB2
- 线圈KM1得电吸合
  - KM1辅助常闭触点断开，切断KM3线圈回路
  - KM1主触点闭合 —— 定子绕组结点4～8、5～9、6～7联结
- 线圈KM2得电吸合
  - KM2主触点闭合 —— 定子绕组结点1、2、3接通电源
  - KM2辅助常开触点闭合，实现自锁
- 线圈KT得电吸合
  - KT常闭延时触点延时断开
    - 线圈KM1失电 —— 断开延边三角形联结
    - 线圈KT失电
  - KT常开延时触点延时闭合 —— 线圈KM3得电，实现自锁

电动机M联结成延边三角形启动

└→ KM3主触点闭合 —— 定子绕组结点1～6、2～4、3～5联结 —— 电动机M联结成三角形投入运行

按下按钮SB1 —— KM1，KM2，KM3，KT线圈断电释放 —— 电动机M断电停车

项目四 洗衣机控制电路的设计与安装调试

★知识目标

1. 掌握单相异步电动机的结构及原理。

2. 掌握单相异步电动机正反转控制电路的组成和原理。

3. 掌握单相异步电动机调速控制电路的组成和原理。

★技能目标

1. 正确安装单相异步电动机正反转控制电路。

6. 正确安装单相异步电动机调速控制电路。

7. 排除电路故障。

★职业素养目标

1. 规范操作，环保节约。

2. 具有团队合作意识。

3. 具有沟通表达能力。

项目背景

　　采用单相交流电源的异步电动机称为单相异步电动机。单相异步电动机只需要单相交流电，故使用方便、应用广泛，并且有结构简单、成本低廉、噪声小、对无线电系统干扰小等优点，因而常用在功率不大的家用电器和小型动力机械中，如电风扇、洗衣机、电冰箱、空调、抽油烟机、电钻、医疗器械、小型风机及家用水泵等电器中使用单相异步电动机。

　　根据电动机的启动和运行方式的特点，将单相异步电动机分为单相电阻启动异步电动机、单相电容启动异步电动机、单相电容运转异步电动机、单相电容启动和运转异步电动机和单相罩极式异步电动机。

　　因此，该项目以洗衣机常用的单相电容运转电动机为例设计控制电路。

洗衣机的正反转控制电路设计与安装调试

学习目标

1. 掌握单相异步电动机的结构及原理。
2. 掌握单相异步电动机正反转控制电路的组成和原理。

情景导入

在日常生活中，洗衣机随处可见，当按下启动按钮后，电动机带动波轮顺时针旋转，15 s后，电动机再带动波轮逆时针旋转，按下停止按钮暂停旋转。

任务分析

洗衣机在电动机的带动下顺时针和逆时针旋转，因此，控制回路中，对电动机进行正反转控制。

知识点学习1　单相异步电动机工作原理

单相电容运转电动机有两个定子绕组，一个是工作绕组（主绕组），另一个是启动绕组（副绕组），这两个绕组在空间上相差90°。启动绕组串联了一个适当容量的电容器。

单相电容启动与运转异步电动机主绕组、副绕组是由同一个单相电源供电的，由于副绕组中串联了一个电容器，使主绕组中的电流和副绕组中的电流存在一个相位差。选择大小合适的电容器使相位差为90°，这时会产生最大的启动转矩。两个相位差为90°的电流流过空间相位差为90°的两个绕组，能够产生一个旋转磁场，在旋转磁场的作用下，单相异步电动机转子得到启动转矩而转动。

由于启动绕组一直保持供电，故用于这种单相电动机的电容器通常是油浸式的。

知识点学习2　单相异步电动机正反转控制

以单相电容运转电动机为例，分析单相异步电动机的正反转控制。如图4-1-1所示，当开关S置于触头"1"时，A为工作绕组，B为启动绕组，启动绕组在整个时间都电工作。选择大小合适的电容器与启动绕组串联时，可使启动绕组B的电流超前工作绕组90°，电动机向某一方向启动并运转。当开关S置于触头"2"时，A为启动绕组，B为工作绕组，绕组 A 的电流超前于绕组 B 90°，使电动机定子旋转磁场反向，转子反转，电动机反转运行。

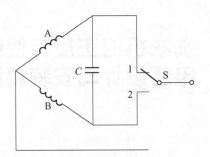

单相电容运转
电动机正反转
控制电路

图 4-1-1　单相电容运转电动机正反转控制电路

 任务实施 单相洗衣机正反转控制电路的设计

1. 单相洗衣机正反转控制电路

当按下启动按钮时，洗衣机正转 15 s，然后反转 15 s；当按下停止按钮时，洗衣机停止运行。

2. 材料准备

请同学们根据电气原理图，选择适合型号的低压电器填入表 4-1。

表 4-1　电器元件明细表

符号	名称	规格型号	数量

在安装前，应检查元器件：所用元器件的外观应完整无损，附件、备件齐全，并用万用表检测元器件及电动机的参数是否符合要求。

3. 电路安装

（1）绘制电器布置图：请根据电气原理图，绘制电器布置图。

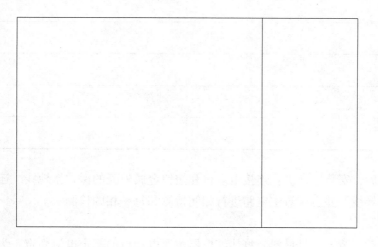

（2）绘制电器元件安装接线图：根据电气原理图，完成电气接线图。

（3）电路安装接线：在控制板上按布置图安装电器元件，并贴上醒目的文字标识，按接线图在控制板上进行线槽布线。

（4）通电前的检测：

项目	电阻	说明

检测无误后，安装电动机：连接电动机和按钮金属外壳的保护接地线。连接三相电源灯控制板外部的导线，并再次对主电路进行相间检测和每一相的检测。

（5）通电试车。

检查合格后，清点工具材料，将热继电器按照电动机的额定电流整定，为保证安全，在一人操作一人监护下通电试车。

 任务评价

评价内容	操作要求	评价标准	配分	扣分
电路图识读	（1）正确识别控制电路中各种电器图形符号及功能； （2）正确分析控制电路工作原理	（1）电器图形符号不认识，每处扣1分； （2）电器元件功能不知道，每处扣1分； （3）电路工作原理分析不正确，每处扣1分	10	
装前准备	（1）器材齐全； （2）电器元件型号、规格符合要求； （3）检查电器元件外观、附件、备件； （4）用仪表检查电器元件质量	（1）器材缺少，每件扣1分； （2）电器元件型号、规格不符合要求，每件扣1分； （3）漏检或错检，每处扣1分	10	
元器件安装	（1）按电器布置图安装； （2）元件安装不牢固； （3）元件安装整齐、匀称、合理； （4）不能损坏元件	（1）不按布置图安装，扣10分； （2）元件安装不牢固，每只扣4分； （3）元件布置不整齐、不匀称、不合理，每项扣2分； （4）损坏元件，每只扣10分； （5）元件安装错误，每件扣3分	10	

续表

评价内容	操作要求	评价标准	配分	扣分
导线连接	（1）按电路图或接线图接线； （2）布线符合工艺要求； （3）接点符合工艺要求； （4）不损伤导线绝缘或线芯； （5）套装编码套管； （6）软线套线鼻； （7）接地线安装	（1）未按电路图或接线图接线，扣20分； （2）布线不符合工艺要求，每处扣3分； （3）接点有松动、露铜过长、反圈、压绝缘层，每处扣2分； （4）损伤导线绝缘层或线芯，每根扣5分； （5）编码套管套装不正确或漏套，每处扣2分； （6）不套线鼻，每处扣1分； （7）漏接接地线，扣10分	40	
通电试车	在保证人身和设备安全的前提下，通电试验一次成功	（1）热继电器整定值错误或未整定扣5分； （2）时间继电器的延时时间未整定或整定错误扣5分； （3）主电路、控制电路配错熔体，各扣5分； （4）验电操作不规范，扣10分； （5）一次试车不成功扣5分，二次试车不成功扣10分，三次试车不成功扣15分	20	
工具、仪表使用	工具、仪表使用规范	（1）工具、仪表使用不规范每次酌情扣1~3分； （2）损坏工具、仪表扣5分	10	
故障检修	（1）正确分析故障范围； （2）查找故障并正确处理	（1）故障范围分析错误，从总分中扣5分； （2）查找故障的方法错误，从总分中扣5分； （3）故障点判断错误，从总分中扣5分； （4）故障处理不正确，从总分中扣5分	10	
技术资料归档	技术资料完整并归档	技术资料不完整或不归档，酌情从总分中扣3~5分	5	

续表

评价内容	操作要求	评价标准	配分	扣分
安全文明生产	（1）要求材料无浪费，现场整洁干净； （2）工具摆放整齐，废品清理分类符合要求； （3）遵守安全操作规程，不发生任何安全事故。 　如违反安全文明生产要求，酌情扣 5～40 分，情节严重者，可判本次技能操作训练为零分，甚至取消本次实训资格		20	
定额时间	180 min，每超时 5 min 扣 5 分		5	
开始时间		结束时间		实际时间		成绩	

 任务拓展

请同学们参考本案例，设计按下启动按钮后，洗衣机正转 15 s 反转 15 s，3 min 后停止运行。

任务二 洗衣机的控制电路设计与安装调试

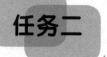

学习目标

1. 掌握单相异步电动机的调速原理。
2. 掌握洗衣机控制电路工作原理。

情景导入

洗衣机控制电路除了考虑洗涤过程的控制电路外，还应该考虑脱水过程的控制电路。

任务分析

洗衣机控制电路中，洗涤过程和脱水过程需要联锁。

知识点学习 单相异步电动机调速控制

利用绕组抽头调速。

绕组抽头调速是目前最经济的一种调速方式，广泛应用于电风扇和空调器调速。其原理是通过转换开关的不同触头与绕组的不同抽头连接，从而增、减主绕组的匝数，进而增、减绕组端电压和工作电流来调节主磁通，使转速发生改变。

电路分析，绕组抽头调速常用的有主绕组抽头和副绕组抽头两种，如图4-2-1所示。

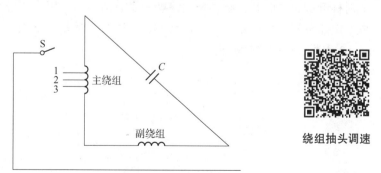

绕组抽头调速

图4-2-1 绕组抽头调速

主绕组抽头"1"是高速挡，当开关S与之接通时，主绕组匝数最少，工作电流最大，主磁通最大，转差率s小，根据转子转速公式$n=n(1-s)$，转子转速最高。当S分别接通中速挡"2"和低速挡"3"时，串入电路的主绕组匝数增多，副绕组匝数减少，工作电流减少，转差率 s 增大，根据转子转速公式 $n_2 = nn_1$ 也因 s 增大而下降。

 任务实施 洗衣机控制电路的设计

1. 洗衣机控制电路

洗涤电路分析：

洗衣机的洗涤桶在工作时经常需改变旋转方向，由于其电动机一般为电容运转单相异步电动机，故一般均采用将电容器从一组绕组中改接到另一组绕组中的方法来实现正反转。如图 4-2-2 所示。

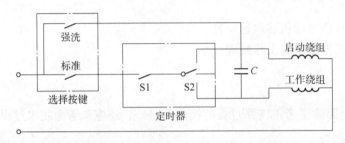

洗涤电动机电路

图 4-2-2　洗涤电动机电路

洗衣机的选择按键是用来选择洗涤方式的，一般有标准和强洗两种方式。

按下选择按键的"标准"键。

点画线框内的定时器为机械式定时器，S1、S2 是定时器的触头，由定时器中的凸轮控制它们接通或断开，其中触头 S1 的接通时间就是电动机的通电时间，即洗涤与漂洗的定时时间。在该时间内，触头 S2 与上面的触头接通时，电容器 C 串入工作绕组支路，电动机正转；当 S2 拨到中间位置时，电动机停转；当 S2 与下面触头接通时，C 串入启动绕组支路，电动机反转。正转、停止、反转的时间大约为 30 s、5 s、30 s。

按下选择按键的"强洗"键。

此时标准键自动断开，电动机始终朝一个方向旋转，以完成强洗功能。

脱水电路分析，如图 4-2-3 所示，S1 为脱水定时器的触头，脱水定时时间一般为 0～5 min。S2 为脱水桶的联锁触头。

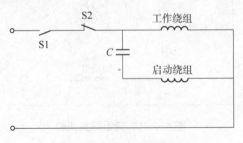

图 4-2-3　脱水电动机电路

2. 材料准备

请同学们根据电气原理图，选择适合型号的低压电器填入表4-2。

表4-2　电器元件明细表

符号	名称	规格型号	数量

在安装前，应检查元器件：所用元器件的外观应完整无损，附件、备件齐全，并用万用表检测元器件及电动机的参数是否符合要求。

3. 电路安装

（1）绘制电器布置图：请根据电气原理图，绘制电器布置图。

（2）绘制电器元件安装接线图：根据电气原理图，完成电气接线图。

（3）电路安装接线：在控制板上按布置图安装电器元件，并贴上醒目的文字标识，按接线图在控制板上进行线槽布线。

（4）通电前的检测：

项目	电阻	说明

检测无误后，安装电动机：连接电动机和按钮金属外壳的保护接地线。连接三相电源灯控制板外部的导线，并再次对主电路进行相间检测和每一相的检测。

（5）通电试车。

检查合格后，清点工具材料，将热继电器按照电动机的额定电流整定，为保证安全，在一人操作一人监护下通电试车。

任务评价

评价内容	操作要求	评价标准	配分	扣分
电路图识读	（1）正确识别控制电路中各种电器图形符号及功能； （2）正确分析控制电路工作原理	（1）电器图形符号不认识，每处扣1分； （2）电器元件功能不知道，每处扣1分； （3）电路工作原理分析不正确，每处扣1分	10	
装前准备	（1）器材齐全； （2）电器元件型号、规格符合要求； （3）检查电器元件外观、附件、备件； （4）用仪表检查电器元件质量	（1）器材缺少，每件扣1分； （2）电器元件型号、规格不符合要求，每件扣1分； （3）漏检或错检，每处扣1分	10	
元器件安装	（1）按电器布置图安装； （2）元件安装不牢固； （3）元件安装整齐、匀称、合理； （4）不能损坏元件	（1）不按布置图安装，扣10分； （2）元件安装不牢固，每只扣4分； （3）元件布置不整齐、不匀称、不合理，每项扣2分； （4）损坏元件，每只扣10分； （5）元件安装错误，每件扣3分	10	
导线连接	（1）按电路图或接线图接线； （2）布线符合工艺要求； （3）接点符合工艺要求； （4）不损伤导线绝缘或线芯； （5）套装编码套管； （6）软线套线鼻； （7）接地线安装	（1）未按电路图或接线图接线，扣20分； （2）布线不符合工艺要求，每处扣3分； （3）接点有松动、露铜过长、反圈、压绝缘层，每处扣2分； （4）损伤导线绝缘层或线芯，每根扣5分； （5）编码套管套装不正确或漏套，每处扣2分； （6）不套线鼻，每处扣1分； （7）漏接接地线，扣10分	40	
通电试车	在保证人身和设备安全的前提下，通电试验一次成功	（1）热继电器整定值错误或未整定扣5分； （2）时间继电器的延时时间未整定或整定错误扣5分； （3）主电路、控制电路配错熔体，各扣5分； （4）验电操作不规范，扣10分； （5）一次试车不成功扣5分，二次试车不成功扣10分，三次试车不成功扣15分	20	
工具、仪表使用	工具、仪表使用规范	（1）工具、仪表使用不规范每次酌情扣1~3分； （2）损坏工具、仪表扣5分	10	

续表

评价内容	操作要求	评价标准	配分	扣分
故障检修	(1) 正确分析故障范围; (2) 查找故障并正确处理	(1) 故障范围分析错误,从总分中扣5分; (2) 查找故障的方法错误,从总分中扣5分; (3) 故障点判断错误,从总分中扣5分; (4) 故障处理不正确,从总分中扣5分	10	
技术资料归档	技术资料完整并归档	技术资料不完整或不归档,酌情从总分中扣3~5分	5	
安全文明生产	(1) 要求材料无浪费,现场整洁干净; (2) 工具摆放整齐,废品清理分类符合要求; (3) 遵守安全操作规程,不发生任何安全事故。 如违反安全文明生产要求,酌情扣5~40分,情节严重者,可判本次技能操作训练为零分,甚至取消本次实训资格	20	
定额时间	180 min,每超时5 min扣5分		5	
开始时间		结束时间	实际时间	成绩

项目五　自动运料上料传输系统控制电路的设计与安装

★知识目标

1. 掌握课题分析的主要内容。

2. 掌握电气控制线路设计的基本原则。

3. 掌握电气控制线路设计的基本方法。

4. 会根据负荷的大小选择合适容量的电动机。

5. 会根据电动机选择合适的热继电器、接触器、断路器等低压电器。

★技能目标

1. 能设计实现本课题要求的电气原理图。

2. 能根据电气原理图绘制完整的电器布置图和电气接线图。

3. 能列出所需的电器元件型号及规格明细表。

4. 根据接线图正确安装接线。

5. 会用万用表等仪器测量调试电路。

6. 排除电路故障。

★职业素养目标

1. 规范操作，环保节约。

2. 具有劳动意识。

3. 具有团队合作意识。

4. 具有沟通表达能力。

项目背景

在生产、生活中，常常需要人们把处于较低位置的物体运送到较高位置，以方便使用。如果依靠人工运输，则效率低下，且人工搬运成本较高，因此需要设计电气控制系统控制电动机完成相应的操作。

 任务要求

图 5-1 所示为一物料传送系统，能够将物料通过皮带传输机运送到料斗处，向料斗加料完成后将料斗提升到一定的高度，进行自动翻斗卸料，卸料完成后，料斗下降并进行下一次物料的传送。料斗由电动机 M1 拖动，物料传送由 M2 拖动。具体控制要求如下：

（1）系统具有单步和连续运行两种方式。处于单步运行状态时，料斗可以随时上升或随时下降。料斗碰到下限位开关 SQ2 时，电动机 M2 正转启动，带动传送带向料斗添加物料，15 s 内加料完成，M2 停车，同时 M1 正转启动，将料斗提升到上限位开关 SQ1 时，料斗自动翻转卸料，M1 停止，5 s 后卸料完成，电动机 M1 反转带动料斗下降，到达下限位开关 SQ2 位置时停留，进行下一轮物料的传送，如此不断循环。

（2）按下停止按钮，料料可以停留在任意位置，启动时可以通过点动按钮使料斗随意从上升或下降开始运行。

（3）料斗拖动系统应设置断电抱闸制动装置，以便停电时能够使料斗停在爬梯任意位置。

（4）设计必要的电气保护和互锁装置。

（5）在运料、上料等各个工作环节应设置相应的信号指示灯。

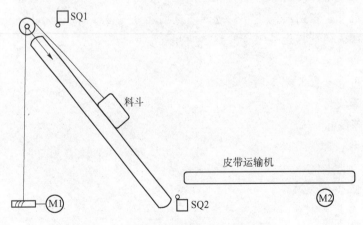

图 5-1　运料、上料生产线工作示意图

任务分析

本课题综合了行程开关、时间继电器、正反转和制动等的应用，在生产机械的电气控制领域具有一定的代表性。通过本课题的学习，能够系统地掌握电气控制线路的设计理念、设计思路和设计方法。

（1）电动机启动及运行方式分析。从任务要求考虑，既要实现料斗的升降运动，又要实现皮带传输机的运动，所以需要两台独立的三相异步电动机。M1 控制料斗的升降运动，所以需要正反转，M2 控制皮带运输机传送物料，只需要正转。因此主电路至少需要三个接触器。拖动负载的性质为恒转矩负载，负载小于 7.5 kW，不需要降压启动，也不需要调速。料斗在升降过程中可以停留在任意位置，需要抱闸装置，以防止料斗下滑，在升降过程中，抱闸装置应松开，因此选择断电抱闸制动器。

（2）控制要求分析。系统能够工作在单步和连续运行状态，需要一个转换开关。电动机 M1 在最高处和最低处需行程开关控制进程，M2 控制的皮带运输机要向料斗加料 15 s，料斗在爬梯最高处卸料 5 s，需要时间继电器进行延时时间的控制。

（3）保护环节分析。电动机 M1 需要正反转运行，需要加互锁环节。电动机工作在连续运行状态，需要热继电器进行热保护。此外，还需要熔断器进行短路保护。

知识点学习 1　电气控制线路设计的一般原则

（1）最大限度地实现生产机械和工艺对电气控制线路的要求

（2）在满足生产要求的前提下，尽量使控制线路简单、经济。

①尽量选用标准的、常用的或经过实际检验过的环节和电路。

②尽量缩短连接导线的数量和长度。

③尽量减少电器的数量，采用标准件，并尽可能选用相同型号的电器元件。

④尽量减少不必要的触点，简化电路。减少触点的常用方法：合并同类触点、利用转换触点、利用半导体二极管的单向导电性有效减少触头数、利用逻辑代数进行简化等。

（3）保证控制线路工作的可靠性。

①选用的电气元件应牢固可靠，动作时间少，抗干扰性能好。

②正确连接电器的线圈，在交流控制线路中不能串接两个电器的线圈。

③正确连接电器的触点。

④在控制线路中，采用小容量继电器的触点来通断大容量接触器的线圈时，要计算继电器触点通断容量是否够用，不够用时需增加小容量的接触器或中间继电器，否则工作不可靠。

⑤应充分考虑继电器触点的接通和分断能力。若要增加接通能力，可以多触头并联；若要增加分断能力，可以多触头串联。

⑥在频繁操作的可逆线路中，正反向接触器应选用加重型的接触器，同时应设置电气和机械双重互锁。

⑦在线路中应避免多个电器依次动作才能接通另一电器的现象。

⑧防止触点竞争现象。

⑨线路应能适应现场电网的情况，并据此决定电动机采用直接启动还是降压启动方式。

⑩防止寄生电路。

（4）保证电气控制线路工作的安全性。

应有完善的保护环节，以保证设备安全运行。常用的有短路保护、过电流保护、过电压保护、失压保护、超速保护和极限保护等。

（5）操作和维修方便。

①安装接线时，元器件应留有备用触点。

②为方便检修，应设置电气隔离，避免带电检修。

③为方便调试，控制方式应简单，能从一种方式迅速转换到另一种方式。

④设置多地控制，便于在生产机械旁进行调试。

⑤操作回路较多时，应采用主令控制器，避免用多个按钮。

电路设计

（一）设计电气原理图

1. 主电路设计

本课题共需要两台电动机拖动。M1 拖动料斗进行升降运动，需要正反转控制，用 KM1 和 KM2 分别控制 M1 的正转和反转。料斗能够停留在任意位置，需要电磁抱闸制动装置，通电升降时，抱闸制动装置应松开，因此应选择断电制动型抱闸制动装置，可以将制动器的线圈串接在电动机 M1 的任意两相电源线，实现断电制动。本课题为简化电路，选择自带电磁制动的 YEJ 系列的制动电动机。

M2 拖动皮带运输机传送物料，只需要正转既可，用接触器 KM3 控制。

根据负载的大小，两台电动机均可直接启动。设计的主电路如图 5-2 所示。

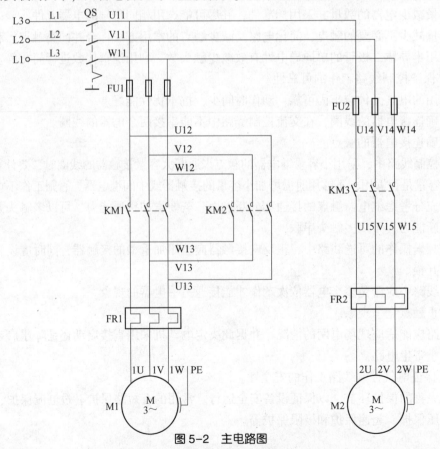

图 5-2　主电路图

2. 控制电路设计

电动机不能同时旋转，因此接触器 KM1、KM2 和 KM3 之间要设有电气互锁环节，如图 5-3 所示。

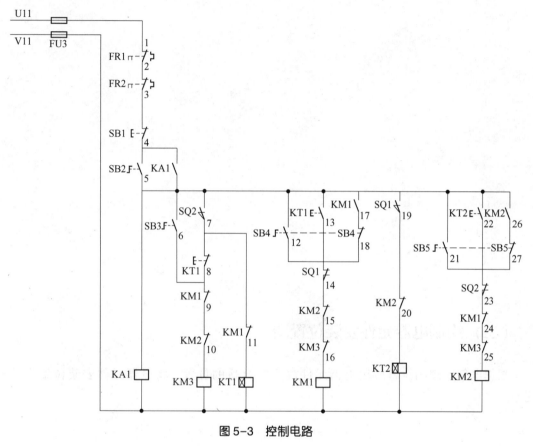

图 5-3 控制电路

3. 信号指示电路的设计（见图 5-4）

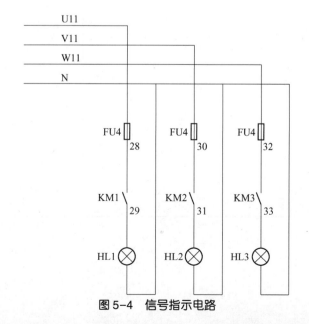

图 5-4 信号指示电路

113

4. 控制电路完善和校核

（二）绘制电器元件安装位置图

根据电气原理图，将所用电器元件放置在合适的位置，将电器元件安装位置图补充完整。

（三）绘制电气安装接线图

将安装接线图补充完整。

 选择元器件

拖动料斗做升降运动的电动机 M1 选择自带断电抱闸的 YEJ90L-4 型，拖动皮带运输机传送物料的 M2 选择 Y90S-4 型，请同学们自行查阅所选电动机的参数，并将电动机的参数填入表 5-1。

表 5-1　电动机参数

型号	额定功率	额定电流	转速	功率因数	质量	绕组接法
YEJ90L-4						
Y90S-4						

（1）熔断器选择。

根据电动机 M1 和 M2 的额定电流，选择熔体的额定电流，熔断器的额定电流不小于熔体的额定电流。

具体为：爬斗电动机 M1 的所用的熔断器 FU1 的熔体额定电流选择范围为 6~10 A；传送带运输机 M2 的熔断器 FU2 的熔体额定电流选择范围为 4.05~6.75 A；信号指示灯的熔断

器 FU3 ～ FU5 熔体额定电流选择范围根据不小于指示灯额定电流选定；控制回路的熔断器 FU6 熔体额定电流选择范围为 7.5～12.5 A。

请根据以上参数选择合适型号的熔断器，并将熔断器型号填入表 5-2。

（2）热继电器型号选择。

热元件整定电流按照额定电流的 0.95～1.05 选择，那么

爬斗电动机 M1 的热继电器 FR1 的热元件整定电流为 3.8～4.2 A。

传送带运输机 M2 的热继电器 FR2 的整定值为 2.565～2.835 A。

热继电器的整定电流应不小于热元件的整定值。

请根据以上参数，选择合适型号的热继电器，并将热继电器型号填入表 5-2。

（3）低压断路器、时间继电器、中间继电器、行程开关等其他低压电器，以及导线等耗材、万用表、剥线钳等工具，请同学们自行选择，并将规格型号和数量填入表 5-2。

表 5-2　元器件明细表

序号	符号	名称	规格及型号	数量
1	M1	三相异步电动机	YEJ90L-4 380 V	1 台
2	M2	三相异步电动机	Y90S-4 380 V	1 台
	FU1			
	FU2			

续表

序号	符号	名称	规格及型号	数量

 安装与调试

1. 器材准备

请按照表 5-1 准备本次安装任务所用的元器件及工具材料。

2. 电路安装

根据 5-3 所示的接线图，在配电盘中进行电气元件及线路的安装。有底座或导轨的，需先固定好底座或导轨。

（1）选配并检查电气元件和电气设备。根据表 5-1，逐个检验电气元件的规格和质量；根据电动机功率、线路走向及要求和各电器的安装尺寸，正确选配导线的规格、导线通道类型和数量、接线端子排、控制板和紧固件等。

（2）固定电气元件和走线槽。

（3）在控制板上进行板前线槽配线，并在导线端部套编码管。

（4）进行控制板外的电气元件固定和布线。首先应选择合理的导线走向，做好导线通道的支持准备；其次控制箱外导线的线头必须套装与电路图相同线号的编码管，可移动导线通道应留出适当的余量；最后按规定在通道内放好备用导线。

（5）自检：检查接线有无松动，有无错接、漏接等现象，并用万用表欧姆挡分别测量控制电路和主电路是否具备正常的通断功能。

3. 通电调试

（1）将主电路电源断开，接通控制电路电源，检查控制电路的控制逻辑是否与控制要求一致。

（2）接通电源，点动控制各电动机的启动，检查各电动机转向是否符合要求，机械部分运转是否正常。

（3）无负荷调试。空转试机时，应观察各电器元件、线路、电动机及传动装置的工作是否正常。发现异常，应立即断电检查，待故障排除后方可再次通电试机。

（4）带负荷调试。一方面观察设备带负载后是否有其他情况发生；另一方面不断调整时间继电器和热继电器的整定值，使之与生产要求相适应。

任务评价

评价内容	操作要求	评价标准	配分	扣分
电路图识读	（1）正确识别控制电路中各种电器图形符号及功能； （2）正确分析控制电路工作原理	（1）电器图形符号不认识，每处扣1分； （2）电器元件功能不知道，每处扣1分； （3）电路工作原理分析不正确，每处扣1分	10	
装前准备	（1）器材齐全； （2）电器元件型号、规格符合要求； （3）检查电器元件外观、附件、备件； （4）用仪表检查电器元件质量	（1）器材缺少，每件扣1分； （2）电器元件型号、规格不符合要求，每件扣1分； （3）漏检或错检，每处扣1分	10	
元器件安装	（1）按电器布置图安装； （2）元件安装不牢固； （3）元件安装整齐、匀称、合理； （4）不能损坏元件	（1）不按布置图安装，扣10分； （2）元件安装不牢固，每只扣4分； （3）元件布置不整齐、不匀称、不合理，每项扣2分； （4）损坏元件，每只扣10分； （5）元件安装错误，每件扣3分	10	
导线连接	（1）按电路图或接线图接线； （2）布线符合工艺要求； （3）接点符合工艺要求； （4）不损伤导线绝缘或线芯； （5）套装编码套管； （6）软线套线鼻； （7）接地线安装	（1）未按电路图或接线图接线，扣20分； （2）布线不符合工艺要求，每处扣3分； （3）接点有松动、露铜过长、反圈、压绝缘层，每处扣2分； （4）损伤导线绝缘层或线芯，每根扣5分； （5）编码套管套装不正确或漏套，每处扣2分； （6）不套线鼻，每处扣1分； （7）漏接接地线，扣10分	40	
通电试车	在保证人身和设备安全的前提下，通电试验一次成功	（1）热继电器整定值错误或未整定扣5分； （2）时间继电器的延时时间未整定或整定错误扣5分； （3）主电路、控制电路配错熔体，各扣5分； （4）验电操作不规范，扣10分； （5）一次试车不成功扣5分，二次试车不成功扣10分，三次试车不成功扣15分	20	

评价内容	操作要求	评价标准	配分	扣分
工具、仪表使用	工具、仪表使用规范	（1）工具、仪表使用不规范每次酌情扣1~3分； （2）损坏工具、仪表扣5分	10	
故障检修	（1）正确分析故障范围； （2）查找故障并正确处理	（1）故障范围分析错误，从总分中扣5分； （2）查找故障的方法错误，从总分中扣5分； （3）故障点判断错误，从总分中扣5分； （4）故障处理不正确，从总分中扣5分	10	
技术资料归档	技术资料完整并归档	技术资料不完整或不归档，酌情从总分中扣3~5分	5	
安全文明生产	（1）要求材料无浪费，现场整洁干净； （2）工具摆放整齐，废品清理分类符合要求； （3）遵守安全操作规程，不发生任何安全事故。 　　如违反安全文明生产要求，酌情扣5~40分，情节严重者，可判本次技能操作训练为零分，甚至取消本次实训资格	20	
定额时间	180 min，每超时5 min扣5分		5	
开始时间		结束时间		实际时间		成绩	

 # 项目六 风机运行系统双速控制电路的设计与安装调试

★知识目标

1. 理解双速电动机的结构和连接方式。

2. 理解双速电动机的调速方法和具体应用。

3. 进一步理解时间继电器和中间继电器的作用。

★技能目标

1. 学会识读电气原理图，并根据原理图绘制安装接线图。

2. 学会三相异步电动机高速运行、低速运行的正确接线。

3. 学会正确安装、调试、检修双速电动机的控制线路。

4. 学会处理好工作中已拆除的导线，以防止触电。

5. 工作完毕后，所有材料、工具、仪表灯随之归类放置。

★职业素养目标

1. 通过对线路工艺安装的要求，培养学生的审美能力。

2. 通过本课题的教学，培养学生主动观察、勇于发现的创新精神。

3. 通过分组合作，增强学生团队协作精神和竞争意识。

项目背景

　　现如今高层建筑越来越多，配套的地下车库、地下商场也随之增多，通风和火灾问题也越来越突出。地下建筑因受空间的限制，在满足风量及风压等参数条件下，通风和排烟系统的风道和风机大多可以合用，这就为双速风机的应用创造了条件：平时，作为通风机使用，风机以低速运行；一旦发生火灾，风机立刻切换到高速，作为消防排烟风机使用。这样一机两用，简化设备，节省投资，大大提高了设备的使用效率和可靠性。

　　如若将通风机和排烟系统的风机分开使用，消防风机平时处于休眠状态，仅在出现火情时投入使用，万一消防风机突然出现故障，此时无法投入使用，必将造成严重后果。若消防风机平时用作通风机，出现故障容易被发现，从而在关键时刻能发挥重要作用。

接触器控制双速电动机电路设计与安装调试

学习目标

1. 理解双速电动机的结构和连接方式。
2. 理解电动机变速的三种方式。
3. 理解变极调速的原理。
4. 能分析接触器控制的双速电动机电路。

情景导入

　　图6-1-1所示为一双速电动机，双速电动机主要用于煤矿、石油天然气、石油化工和化学工业等行业；此外，在纺织、冶金、城市煤气、交通、粮油加工、造纸、医药等部门也广泛应用。双速电动机作为主要的动力设备，通常用于驱动泵、风机、压缩机和其他传动机械。随着科技、生产的发展，存在爆炸危险的场所也在不断增加，给双速电动机提供了新的市场。

图6-1-1 双速电动机

任务分析

知识点学习1　调速原理

　　根据三相异步电动机转速公式

$$n = 60f_1(1 - s)/p_1$$

可知，三相异步电动机的调速可通过改变电源频率、改变转差率、改变定子绕组的极对数来实现。

　　变频调速即改变电源频率，可通过变频器来实现。其原理是通过改变异步电动机供电电源频率 f_1 来改变同步转速 n 来调速的。变频调速装置（变频器）主要由整流器和逆变器组成。通过整流器先将50 Hz的交流电变换成电压可调的直流电，直流电再通过逆变器变成频率连续可调的三相交流电。在变频装置（变频器）的支持下，即可实现三相异步电动机的无级调速。如图6-1-2所示。

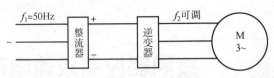

图 6-1-2　变频调速

改变转差率调速，即在调速过程中保持电动机同步转速不变改变转差率 s 来进行调速。在电动机转子绕组电路中接入一个调速电阻，通过改变电阻即可实现调速（实质是改变了转子绕组中的电流）。改变转差率调速方法只适用于绕线转子异步电动机。

变极调速，即改变定子绕组的极对数，通过改变电动机每相绕组的连接方法可实现。由于磁极对数 p 只能成倍变化，因此这种调速方式不能实现无级调速，但比较简单经济，在机床中常用减速齿轮箱来扩大调速范围，目前已生产的变极调速电动机有双速、三速、四速等多速电动机。

双速电动机在绕组极数改变后，其相序和原来的相反，所以在变极调速的同时需改变三相绕组电源的相序，以保持电动机在低速和高速时转向不变。

凡是磁极对数可改变的电动机称为多速电动机，常见的多速电动机有双速、三速、四速等几种类型，属于有级调速。

知识点学习 2　双速电动机的变极调速

变极调速是改变定子绕组的组成和联结方法来改变磁极对数，以获得两个同步转速。双速电动机每相绕组都有两组线圈，图中分别用"1""2"来表示。我们把每组线圈串联的接头定义为整个绕组的尾端即 U2、V2、W2；三相绕组的收尾连线接头定义为整个绕组的首端即 U1、V1、W1。把绕组的首端 U1、V1、W1 接电源，尾端 U2、V2、W2 悬空。这种接法叫三角形接法，如图 6-1-3 所示。每相绕组中的两组线圈顺向串联，由右手螺旋定则可知，这时旋转磁场具有四个磁极（即两对极），即 $P=2$，转速为 n_1，电动机处于低速运转。改变磁极对数的方法如图 6-1-4 所示。

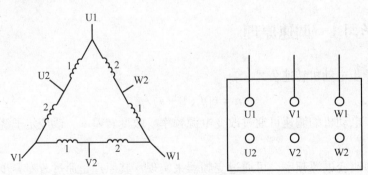

图 6-1-3　三角形接法

我们改变一下接法，把绕组首端 U1、V1、W1 连在一起，而把尾端 U2、V2、W2 接电源，即每相绕组的两个线圈并联，就变成了双星形接法了，如图 6-1-5 所示，由右手螺旋定则可知，这时的旋转磁场的磁极数变为两个（即一对磁极 $p=1$），转速为 $2n_1$，电动机处于高速运转。改变磁极对数方法如图 6-1-6 所示。

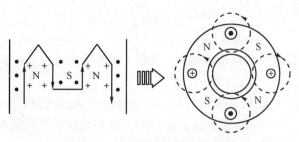

图 6-1-4　改变磁极对数的方法

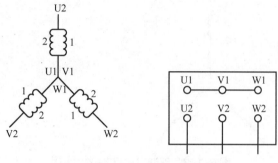

图 6-1-5　双星形接法

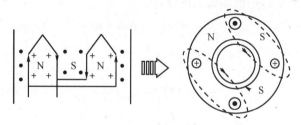

图 6-1-6　改变磁极对数方法

知识点学习 3　双速电动机的接线方式

（1）△-YY 联结。

电动机低速运行时，每相绕组的两组线圈顺向串联成三角形，此时旋转磁场具有四个磁极，$P=2$。电动机高速运行时，每相绕组的两组线圈反向并联成双星形，此时旋转磁场具有两个磁极，$P=1$。

电动机的输出功率及转矩可作下估算：

$$P_{2\triangle} = m(\sqrt{3}\,U_1)I_1\cos\varphi \cdot \eta$$

$$T_{\triangle} = 9\,550\,\frac{P_{2\triangle}}{n_s}$$

$$P_{2YY} = mU_1(2I_1)\cos\varphi \cdot \eta = \frac{2}{\sqrt{3}}P_{2\triangle} = 1.155P_{2\triangle}$$

$$T_{YY} = 9\,550\frac{P_{2YY}}{2n_s} = \frac{1}{\sqrt{3}}T_{\triangle} = 0.577T_{\triangle}$$

△-YY 联结变极调速为非恒转矩调速，近似于恒功率调速，适用于金属切削机床。

（2）Y-YY 联结。

如图 6-1-7 所示，电动机低速运行时，每相绕组的两组线圈顺向串联成星形，此时旋转磁场具有四个磁极，$P=2$。电动机高速运行时，每相绕组的两组线圈反向并联成双星形，此时旋转磁场具有两个磁极，$P=1$。

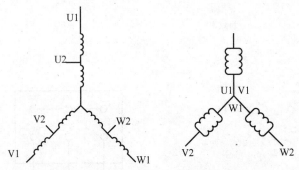

图 6-1-7　双速电动机 Y-YY 连接

电动机的输出功率及转矩可作如下估算：

$$P_{2Y} = mU_1I_1\cos\varphi \cdot \eta$$

$$T_Y = 9550\frac{P_{2Y}}{n_s}$$

$$P_{2YY} = mU_1(2I_1)\cos\varphi \cdot \eta = 2P_{2Y}$$

$$T_{YY} = 9\,550\frac{P_{2YY}}{2n_s} = T_Y$$

电源接线原理如图 6-1-8 所示。

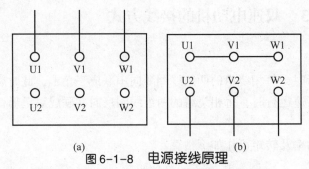

(a)　　　　　　　　　　　　(b)

图 6-1-8　电源接线原理

（a）为电源进线低速（△或 Y）接线原理；（b）为电源进线高速（YY）接线原理

接触器控制双速电动机的电路设计

1. 识读电路图

图 6-1-9 所示为接触器控制双速电动机的电路设计，我们将主电路接成 Y-YY 的联结方式。当 KM1 主触点闭合时，U1、V1、W1 接通三相电源，U2、V2、W2 悬空，双速电动机绕组构成星形联结，电动机实现低速运转。当 KM2、KM3 主触点闭合，U1、V1、W1 短接在一起，U2、V2、W2 分别接三根相线，双速电动机绕组构成双星形联结，电动机实现高速运转。

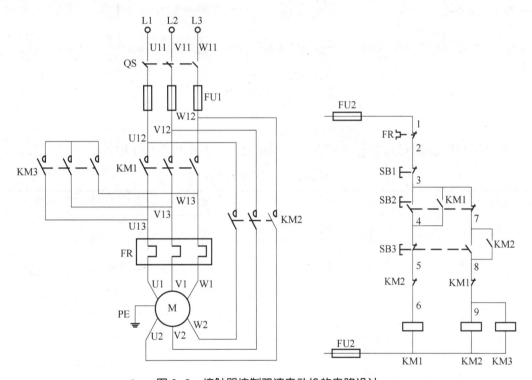

图 6-9 接触器控制双速电动机的电路设计

因电动机的低速运转和高速运转不能同时实现，故 KM1 和 KM2、KM3 之间必须设置互锁。KM2 的主触点需改变电源的相序，电动机才能保持原来的转向高速运转。

控制电路中，SB2 为低速启动按钮，SB3 为高速启动按钮，SB1 为停止按钮，因低速控制电路和高速控制电路不能同时得电，故设置了机械互锁和电气互锁。

工作过程如下：

合上电源开关QS

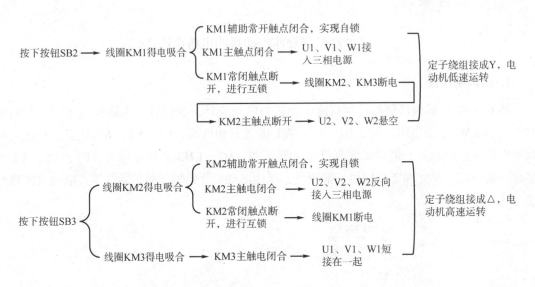

按下按钮SB1 ⟶ KM1,KM2,KM3线圈断电释放 ⟶ 电动机M断电停车

2. 材料准备

请同学们根据电气原理图，选择适合型号的低压电器填在表6-1中。

表6-1 电器元件明细表

符号	名称	型号规格	数量
M	双速交流异步电动机		1
QS	三相闸刀开关		1
KM	交流接触器		3
FU	主电路熔断器及熔体		3
FU	控制电路熔断器及熔体		2
FR	热继电器		1
SB	组合开关		1
SB1	停止按钮		1
SB2	低速启动按钮		1
SB3	高速启动按钮		1
XT	端子板		1
	导线、走线槽		若干
	其他		

本次任务所需工具器材有各类常用电工工具（螺钉旋具、钳子、验电笔、剥线钳等）、万用表、电器安装底板、端子排、BV1.5 mm 和 BVR0.75 mm² 绝缘导线、熔断器、交流接触

器、热继电器、组合开关、按钮、三相交流异步电动机等。

在安装前，应检查元器件：所用元器件的外观应完整无损，附件、备件齐全，并用万用表检测元器件及电动机的参数是否符合要求。

3. 电路安装

（1）绘制电器布置图。

请根据电气原理图，绘制电器布置图（见图6-1-10）。

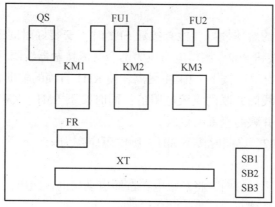

图6-1-10　接触器控制双速电动机的电器布置图

（2）根据电气原理图、电器布置图和电气原理中元件编号，查找对应元件，画出安装接线图，如图6-1-11所示。

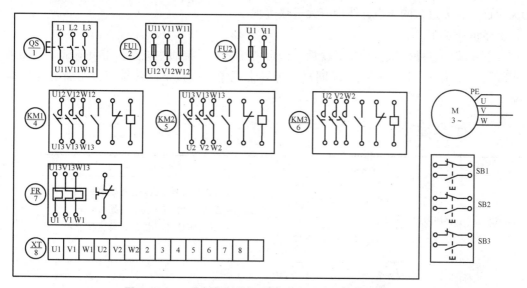

图6-1-11　接触器控制双速电动机的电路安装接线图

（3）电路安装接线。

在控制板上按电器布置图安装电器元件，并贴上醒目的文字标识，按接线图在控制板上进行线槽布线。

（4）通电前的检查。

①检查主电路。

接线完成后，断开电源开关，取下控制电路熔断器的熔体，断开控制电路。先按下KM1主触点，将万用表的转换开关置于电阻挡（一般选$R\times100$的挡位），用万用表依次测得L1至U1、L2至V1、L3至W1的电阻都为0；再按下KM2主触点，用万用表依次测得U1至W2、V1至U2、W1至V2的电阻都为0；最后按下KM3主触点，用万用表依次测得U2、V2、W2两两之间电阻为0；L1、L2、L3两两之间电阻要为∞。

②检查控制电路。

将控制电路熔断器的熔体插好，检查按钮SB1时，安装好时间继电器，将万用表表笔放至L1、L2处，按下按钮SB2，测得电阻应为两个交流接触器线圈并联的直流电阻值。

检查自锁、互锁电路时，按下KM1主触点，使KM1自锁的辅助常开触点闭合，测得电阻应为两个交流接触器线圈并联的直流电阻值；同时按下KM1、KM3主触点，测得电阻应为两个交流接触器线圈并联的直流电阻值。

停车检查，按下SB2，再同时按下SB1，则电阻应变为∞。

（5）通电试车。

检查合格后，清点工具材料，将热继电器按照电动机的额定电流整定，为保证安全，在一人操作一人监护下通电试车。

①空操作试验。

先切除主电路（可断开主电路熔断器），装好控制电路熔断器，接通三相电源，使线路不带负荷（电动机）通电操作，以检查辅助电路工作是否正常；操作各按钮检查它们对接触器、继电器的控制作用；检查接触器的自锁、联锁等控制作用。同时观察各电器操作动作的灵活性，有无过大的噪声，线圈有无过热等现象。

②带负荷试车。

控制线路经空操作试验动作无误后，即可切断电源，接通主电路，带负荷试车。如果发现电动机启动困难、发出噪声及线圈过热等异常现象，应按下急停按钮，切断电源后检查故障。

 任务评价

评价内容	操作要求	评价标准	配分	扣分
电路图识读	（1）正确识别控制电路中各种电器图形符号及功能； （2）正确分析控制电路工作原理	（1）电器图形符号不认识，每处扣1分； （2）电器元件功能不知道，每处扣1分； （3）电路工作原理分析不正确，每处扣1分	10	
装前准备	（1）器材齐全； （2）电器元件型号、规格符合要求； （3）检查电器元件外观、附件、备件； （4）用仪表检查电器元件质量	（1）器材缺少，每件扣1分； （2）电器元件型号、规格不符合要求，每件扣1分； （3）漏检或错检，每处扣1分	10	

续表

评价内容	操作要求	评价标准	配分	扣分
元器件安装	(1) 按电器布置图安装； (2) 元件安装不牢固； (3) 元件安装整齐、匀称、合理； (4) 不能损坏元件	(1) 不按布置图安装，扣10分； (2) 元件安装不牢固，每只扣4分； (3) 元件布置不整齐、不匀称、不合理，每项扣2分； (4) 损坏元件，每只扣10分； (5) 元件安装错误，每件扣3分	10	
导线连接	(1) 按电路图或接线图接线； (2) 布线符合工艺要求； (3) 接点符合工艺要求； (4) 不损伤导线绝缘或线芯； (5) 套装编码套管； (6) 软线套线鼻； (7) 接地线安装	(1) 未按电路图或接线图接线，扣20分； (2) 布线不符合工艺要求，每处扣3分； (3) 接点有松动、露铜过长、反圈、压绝缘层，每处扣2分； (4) 损伤导线绝缘层或线芯，每根扣5分； (5) 编码套管套装不正确或漏套，每处扣2分； (6) 不套线鼻，每处扣1分； (7) 漏接接地线，扣10分	40	
通电试车	在保证人身和设备安全的前提下，通电试验一次成功	(1) 热继电器整定值错误或未整定扣5分； (2) 时间继电器的延时时间未整定或整定错误扣5分； (3) 主电路、控制电路配错熔体，各扣5分； (4) 验电操作不规范，扣10分； (5) 一次试车不成功扣5分，二次试车不成功扣10分，三次试车不成功扣15分	20	
工具、仪表使用	工具、仪表使用规范	(1) 工具、仪表使用不规范每次酌情扣1~3分； (2) 损坏工具、仪表扣5分	10	
故障检修	(1) 正确分析故障范围； (2) 查找故障并正确处理	(1) 故障范围分析错误，从总分中扣5分； (2) 查找故障的方法错误，从总分中扣5分； (3) 故障点判断错误，从总分中扣5分； (4) 故障处理不正确，从总分中扣5分	10	
技术资料归档	技术资料完整并归档	技术资料不完整或不归档，酌情从总分中扣3~5分	5	

续表

评价内容	操作要求	评价标准	配分	扣分
安全文明生产	（1）要求材料无浪费，现场整洁干净； （2）工具摆放整齐，废品清理分类符合要求； （3）遵守安全操作规程，不发生任何安全事故。 　　如违反安全文明生产要求，酌情扣 5～40 分，情节严重者，可判本次技能操作训练为零分，甚至取消本次实训资格		20	
定额时间	180 min，每超时 5 min 扣 5 分		5	
开始时间		结束时间	实际时间	成绩

 风机运行系统双速控制
电路设计与安装调试

学习目标

1. 理解时间继电器在双速电动机控制电路中的作用。
2. 理解中间继电器在双速电动机控制电路中的作用。
3. 理解调速方法的具体应用。

情景导入

图6-2-1所示为地下车库或地下商场等建筑物常用的风机，这类风机只需要两种工作状态完成平时通风与消防排烟，所以这类风机的调速方式很适合采用双速异步电动机。平时作为通风机使用，以保持室内空气流通，风机以低速运行；一旦发生火灾，立刻切换到高速，作为消防排烟风机使用。

图6-2-1 消防高温排烟风机

任务分析

电动机的调速控制除了用接触器手动控制，也可以采用时间继电器自动控制，手动控制线路简单，维修方便，但由低速转换到高速的时间不好把握。自动控制线路复杂，维修相对复杂，但时间控制得较好，现在多用自动控制。在要求高、低工况的情况下，采用双速电动机简单可靠、经济实用。因此，在有条件的工程中推广双速电动机，还是很有必要的。

任务实施

风机运行系统双速电动机的电路设计

1. 识读电路图

图 6-2-2 所示为风机运行系统双速电动机的电路设计，主电路的设计和接触器控制双速电动机的电路一样。控制电路中，使用中间继电器和时间继电器实现双速控制，SB2 为低速启动按钮，SB3 为高速启动按钮，SB1 为停止按钮，通过 KM1 和 KM2、KM3 常闭触点，实现低速控制电路和高速控制电路不能同时得电。

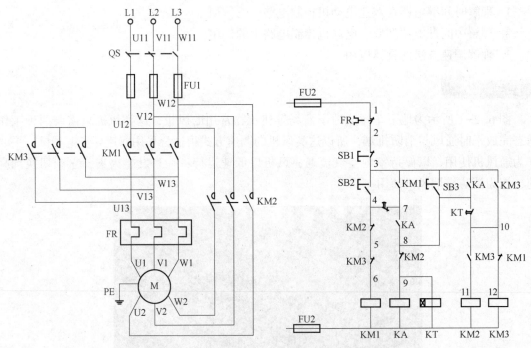

图 6-2-2 风机运行系统双速电动机的电路设计

工作过程如下：

合上电源开关QS

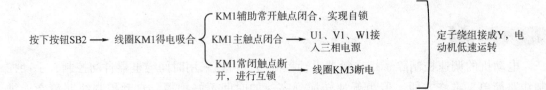

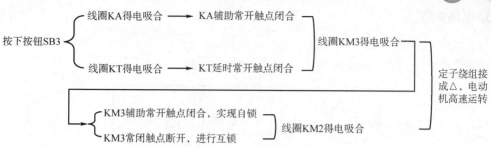

按下按钮SB1 ⟶ KM1，KM2，KM3，KA，KT线圈断电释放 ⟶ 电动机M断电停车

2. 材料准备

请同学们根据电气原理图，选择适合型号的低压电器填入表 6-2。

表 6-2　电器元件明细表

符号	名称	型号规格	数量
M	双速交流异步电动机		1
QS	三相闸刀开关		1
KM	交流接触器		3
KT	时间继电器		1
KA	中间继电器		1
FU	主电路熔断器及熔体		3
FU	控制电路熔断器及熔体		2
FR	热继电器		1
SB	组合开关		1
SB1	停止按钮		1
SB2	低速启动按钮		1
SB3	高速启动按钮		1
XT	端子板		1
	导线、走线槽		若干
	其他		

　　本次任务所需工具器材有各类常用电工工具（螺钉旋具、钳子、验电笔、剥线钳等）、万用表、电器安装底板、端子排、BV1.5 mm 和 BVR0.75 mm² 绝缘导线、熔断器、交流接触器、热继电器、组合开关、按钮、三相交流异步电动机等。

　　在安装前，应检查元器件：所用元器件的外观应完整无损，附件、备件齐全，并用万用表检测元器件及电动机的参数是否符号要求。

3. 电路安装

（1）绘制电器布置图。

请根据电气原理图，绘制电器布置图（见图 6-2-3）。

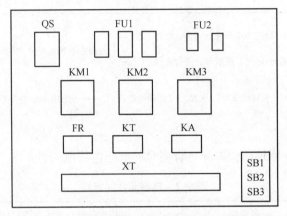

图 6-2-3　风机运行系统双速电动机的电器布置图

（2）根据电气原理图、电器布置图和电气原理中元件编号，查找对应元件，画出安装接线图，如图 6-2-4 所示。

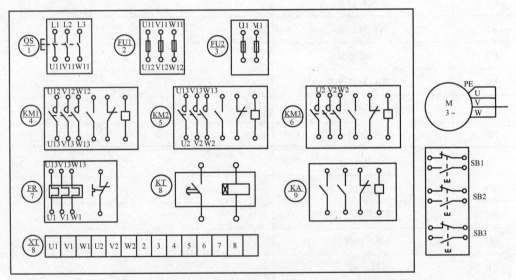

图 6-2-4　风机运行系统双速电动机的电路安装接线图

（3）电路安装接线。

在控制板上按电器布置图安装电器元件，并贴上醒目的文字标识，按接线图在控制板上进行线槽布线。

（4）通电前的检查。

①检查主电路。

接线完成后，断开电源开关，取下控制电路熔断器的熔体，断开控制电路。先按下 KM1 主触点，将万用表的转换开关置于电阻挡（一般选 $R \times 100$ 的挡位），用万用表依次测得 L1 至 U1、L2 至 V1、L3 至 W1 的电阻都为 0；再按下 KM2 主触点，用万用表依次测得 U1 至 W2、V1 至 U2、W1 至 V2 的电阻都为 0；最后按下 KM3 主触点，用万用表依次测得 U2、V2、W2 两两之间电阻为 0；L1、L2、L3 两两之间电阻要为 ∞。

②检查控制电路。

将控制电路熔断器的熔体插好，检查按钮 SB1 时，安装好时间继电器，将万用表表笔放至 L1、L2 处，按下按钮 SB2，测得电阻应为两个交流接触器线圈并联的直流电阻值。

检查自锁、互锁电路时，按下 KM1 主触点，使 KM1 自锁的辅助常开触点闭合，测得电阻应为两个交流接触器线圈并联的直流电阻值；同时按下 KM1、KM3 主触点，测得电阻应为两个交流接触器线圈并联的直流电阻值。

停车检查，按下 SB2，再同时按下 SB1，则电阻应变为 ∞。

（5）通电试车。

检查合格后，清点工具材料，将热继电器按照电动机的额定电流整定，为保证安全，在一人操作一人监护下通电试车。

①空操作试验。

先切除主电路（可断开主电路熔断器），装好控制电路熔断器，接通三相电源，使线路不带负荷（电动机）通电操作，以检查辅助电路工作是否正常；操作各按钮检查它们对接触器、继电器的控制作用；检查接触器的自锁、联锁等控制作用。同时观察各电器操作动作的灵活性，有无过大的噪声，线圈有无过热等现象。

②带负荷试车。

控制线路经空操作试验动作无误后，即可切断电源，接通主电路，带负荷试车。如果发现电动机启动困难、发出噪声及线圈过热等异常现象，应按下急停按钮，切断电源后检查故障。

 任务评价

评价内容	操作要求	评价标准	配分	扣分
电路图识读	（1）正确识别控制电路中各种电器图形符号及功能； （2）正确分析控制电路工作原理	（1）电器图形符号不认识，每处扣1分； （2）电器元件功能不知道，每处扣1分； （3）电路工作原理分析不正确，每处扣1分	10	
装前准备	（1）器材齐全； （2）电器元件型号、规格符合要求； （3）检查电器元件外观、附件、备件； （4）用仪表检查电器元件质量	（1）器材缺少，每件扣1分； （2）电器元件型号、规格不符合要求，每件扣1分； （3）漏检或错检，每处扣1分	10	
元器件安装	（1）按电器布置图安装； （2）元件安装不牢固； （3）元件安装整齐、匀称、合理； （4）不能损坏元件	（1）不按布置图安装，扣10分； （2）元件安装不牢固，每只扣4分； （3）元件布置不整齐、不匀称、不合理，每项2分； （4）损坏元件，每只扣10分； （5）元件安装错误，每件扣3分	10	

续表

评价内容	操作要求	评价标准	配分	扣分
导线连接	(1) 按电路图或接线图接线； (2) 布线符合工艺要求； (3) 接点符合工艺要求； (4) 不损伤导线绝缘或线芯； (5) 套装编码套管； (6) 软线套线鼻； (7) 接地线安装	(1) 未按电路图或接线图接线，扣20分； (2) 布线不符合工艺要求，每处扣3分； (3) 接点有松动、露铜过长、反圈、压绝缘层，每处扣2分； (4) 损伤导线绝缘层或线芯，每根扣5分； (5) 编码套管套装不正确或漏套，每处扣2分； (6) 不套线鼻，每处扣1分； (7) 漏接接地线，扣10分	40	
通电试车	在保证人身和设备安全的前提下，通电试验一次成功	(1) 热继电器整定值错误或未整定扣5分； (2) 时间继电器的延时时间未整定或整定错误扣5分； (3) 主电路、控制电路配错熔体，各扣5分； (4) 验电操作不规范，扣10分； (5) 一次试车不成功扣5分，二次试车不成功扣10分，三次试车不成功扣15分	20	
工具、仪表使用	工具、仪表使用规范	(1) 工具、仪表使用不规范每次酌情扣1~3分； (2) 损坏工具、仪表扣5分	10	
故障检修	(1) 正确分析故障范围； (2) 查找故障并正确处理	(1) 故障范围分析错误，从总分中扣5分； (2) 查找故障的方法错误，从总分中扣5分； (3) 故障点判断错误，从总分中扣5分； (4) 故障处理不正确，从总分中扣5分	10	
技术资料归档	技术资料完整并归档	技术资料不完整或不归档，酌情从总分中扣3~5分	5	
安全文明生产	(1) 要求材料无浪费，现场整洁干净； (2) 工具摆放整齐，废品清理分类符合要求； (3) 遵守安全操作规程，不发生任何安全事故。 如违反安全文明生产要求，酌情扣5~40分，情节严重者，可判本次技能操作训练为零分，甚至取消本次实训资格		20	
定额时间	180 min，每超时5 min扣5分		5	
开始时间	结束时间	实际时间	成绩	

 任务拓展

三速风机的应用

三速电动机是在双速电动机的基础上发展而来的，在三速电动机的定子槽内安放两套绕组，一套为三角形绕组，另一套为星形绕组，适当变换这两套绕组的联结方式，就可以改变电动机的磁极对数，使电动机具有高速、中速、低速三种不同的转速。当定子绕组接成三角形时,电动机处于低速运行状态;接成星形,电动机处于中速运行状态;接成双星形,电动机处于高速运行状态。此时,主电路需要用到四个接触器,三个热继电器,低速、中速、高速之间需要互锁。其电路安装接线图如图6-2-5所示,请同学们自行分析工作过程。

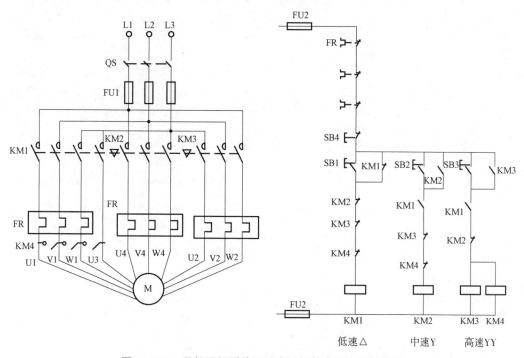

图6-2-5 风机运行系统三速电动机的电路安装接线图

项目七　起重机停车制动系统控制电路的设计与安装

★知识目标

1. 掌握电动机的制动方法分类与工作原理。

2. 理解通电型和断电型电磁抱闸制动器，并会根据应用场合进行选择。

3. 对能耗制动所用直流电源进行估算。

4. 会根据估算结果，正确选择变压器、整流器等元器件。

5. 掌握速度继电器结构、原理、符号。

6. 会分析通电型、断电型电磁抱闸制动电路。

7. 会分析能耗制动电路。

8. 会分析反接制动电路。

★技能目标

1. 能根据原理图绘制接线图。

2. 会安装能耗制动电路。

3. 会安装反接制动电路。

4. 能辨别速度继电器的正反向触头。

5. 掌握速度继电器的接线及安装方法。

6. 能用万用表检测电路。

7. 会独立排除电路故障。

★职业素养目标

1. 规范操作，环保节约。

2. 具有团队合作意识。

3. 具有安全用电意识。

4. 具有沟通表达能力。

项目背景

在现代工业生产过程中，往往要求电动机能够迅速停车或者机械设备能够准确定位，而电动机尤其是大功率电动机在停车时由于惯性，停车需要一定时间，这就需要设计制动环节。

具有良好制动性能的交流电动机可使生产加工设备迅速停止、准确停车，提高了控制性能。交流电动机的制动方式主要有机械制动和电气制动，机械制动是通过机械装置来卡住电机主轴，使其减速，如电磁抱闸、电磁离合器等电磁铁制动器，其制动原理基本相同；电气制动是电动机停转过程中，产生一个与转向相反的电磁力矩，作为制动力使电动机停止转动。电气制动的方法有反接制动、能耗制动、电容制动、再生发电制动（也叫反馈制动、回馈制动、发电回馈制动）等。

起重机停车制动系统控制电路的设计与安装

任务一

 学习目标

1. 理解电磁抱闸制动器的工作原理、作用与电气符号。
2. 掌握电磁抱闸制动器的分类并会应用。
3. 能分析起重机停车制动电路。
4. 会用万用表对电路进行通电前的检测。
5. 判断故障点并排除故障。

情景导入

起重机被广泛地应用于物料的起重、运输、装卸、安装和人员输送等作业中，是以间歇、重复的工作方式，通过起重吊钩或其他吊具具有起升、下降与运输物料作用的机械设备。为防止电动机在起吊重物时突然断电或电路故障时重物自行坠落，应设计制动环节，保障设备现场的安全，同时制动环节可以实现准确定位。

任务分析

起重机的停车制动控制可以保障现场人员及设备的安全位置，保证生产的安全进行，应选择断电制动。

除起重机外，电梯、卷扬机等升降设备上，也采用断电制动。

知识点学习：电磁抱闸制动器

1. 外形（见图7-1-1）

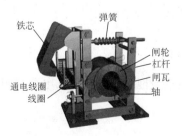

图7-1-1　电磁抱闸制动器外形

2. 结构

电磁抱闸制动器的结构如图 7-1-2 所示。

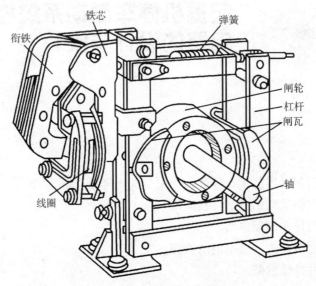

图 7-1-2　电磁抱闸制动器的结构

电磁抱闸主要包括制动电磁铁和闸瓦制动器，分为断电制动型和通电制动型。机械制动控制电路也有断电制动和通电制动两种。

断电制动工作原理：制动电磁铁线圈得电时，制动器的闸瓦与闸轮分开，无制动作用；当线圈失电时，制动器的闸瓦紧紧抱住闸轮制动。

通电制动工作原理：制动电磁铁线圈得电时，制动器的闸瓦紧紧抱住闸轮制动；当线圈失电时，制动器的闸瓦与闸轮分开，无制动作用。

3. 安装调试

（1）电磁抱闸制动器必须与电动机一起安装在固定的底座上，其地脚螺栓必须拧紧，且有防松措施。

（2）电动机轴伸出端上的制动闸轮必须与闸瓦制动器的抱闸机构在同一平面上，轴心要一致。

（3）电磁抱闸制动器安装后，在不通电的情况下，先进行粗调，以断电状态下外力转不动电动机的转轴，当制动电磁铁吸合后，电动机转轴能自由转动为合格。

（4）通电试车时微调，使电动机运转自如，以闸瓦与闸轮不摩擦、不过热、断电时能立即制动为合格。

4. 识读电路图

断电制动型电磁抱闸制动器控制电路如图 7-1-3 所示，途中 YB 为电磁抱闸制动器。

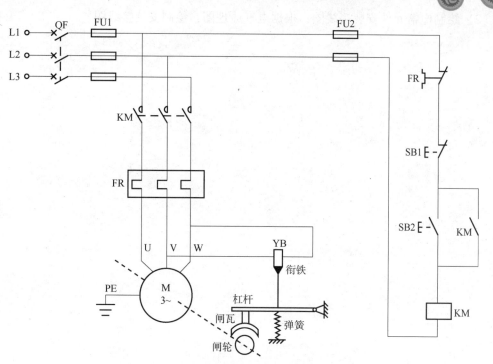

图 7-1-3　断电制动型电磁抱闸制动器控制电路

工作过程如下：

启动过程：按钮启动按钮 SB2，接触器 KM 线圈得电并自锁，主触头闭合，电磁抱闸制动器的电磁铁线圈得电，衔铁吸合，制动器闸瓦松开，电动机启动运转。

停止过程：停车时，按下停止按钮 SB1，接触器 KM 线圈失电，主触头断开，电动机和电磁铁线圈同时断电，在弹簧力的作用下，闸瓦将安装在电动机转轴上的闸轮紧紧抱住，电动机迅速停转。

起重机、电梯、卷扬机等升降设备上，采用断电制动，在机床等生产机械中，采用通电制动，以便在电动机未通电时，可以用手搬动主轴以调整和对刀。

5. 电路安装

（1）绘制电器布置图：根据电气原理图，绘制元器布置图。

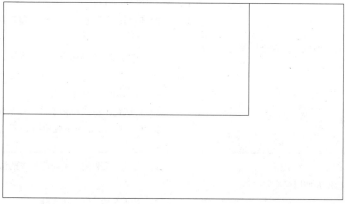

（2）绘制电器元件安装接线图：根据电气原理图，绘制安装接线图。

（3）准备元器件，安装调试电路

（4）通电前检测电路，并排除故障。

（5）检测无误后，课通电试运行。

6. 考核评价

通电试车	在保证人身和设备安全的前提下，通电试验一次成功	（1）热继电器整定值错误或未整定扣5分； （2）时间继电器的延时时间未整定或整定错误扣5分； （3）主电路、控制电路配错熔体，各扣5分； （4）验电操作不规范，扣10分； （5）一次试车不成功扣5分，二次试车不成功扣10分，三次试车不成功扣15分	20	
工具、仪表使用	工具、仪表使用规范	（1）工具、仪表使用不规范每次酌情扣1~3分； （2）损坏工具、仪表扣5分	10	

续表

故障检修	（1）正确分析故障范围； （2）查找故障并正确处理	（1）故障范围分析错误，从总分中扣5分； （2）查找故障的方法错误，从总分中扣5分； （3）故障点判断错误，从总分中扣5分； （4）故障处理不正确，从总分中扣5分	10	
技术资料归档	技术资料完整并归档	技术资料不完整或不归档，酌情从总分中扣3~5分	5	
安全文明生产	（1）要求材料无浪费，现场整洁干净； （2）工具摆放整齐，废品清理分类符合要求； （3）遵守安全操作规程，不发生任何安全事故。 　　如违反安全文明生产要求，酌情扣5~40分，情节严重者，可判本次技能操作训练为零分，甚至取消本次实训资格		20	
定额时间	180 min，每超时5 min扣5分			5	
开始时间		结束时间	实际时间		成绩

　　任务拓展

　　请同学们参考本案例，设计电动机的通电制动控制电路。

任务二　能耗制动控制电路的安装与调试

 情景导入

　　要求制动准确、平稳的场合，通常需要能耗制动。如印刷机械中的 J2102 型对开单色胶印机以及 LP1101 型全张单面凸版轮转印刷机等印刷设备，其主电动机的制动都是采用能耗制动来完成的。

任务实施

知识点学习　能耗制动工作原理

　　能耗制动是在切除三相交流电源的同时，立即在定子绕组的任意两相中接通直流电，在转速接近零时再切除直流电。这种制动方法实质上是把转子原来"储存"的机械能，转变成电能，又消耗在转子上，因而叫作"能耗制动"。

　　能耗制动工作原理如图 7-2-1 所示。

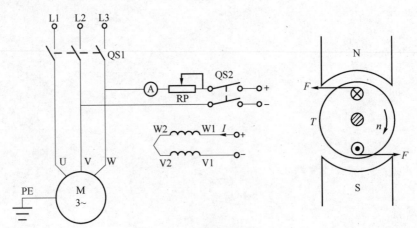

图 7-2-1　能耗制动工作原理

　　当定子绕组通入直流电时，在电动机中产生一个恒定磁场。转子因惯性继续旋转，转子切割磁场，在转子绕组中产生感应电动势和感应电流，用右手定则可以判别感应电流的方向。通电导体在恒定磁场中受到电磁力的作用，产生电磁转矩，作用力的方向用左手定则判定。电磁转矩的方向与转子转动的方向相反，为制动转矩，在制动转矩的作用下，转子转速迅速下降。

1. 识读电路图

对于 10 kW 以下的小容量电动机可以采用无变压器单相半波整流电路，而对于 10 kW 以上容量的电动机，多采用由变压器的单相桥式整流能耗制动控制电路。如图 7-2-2 所示。

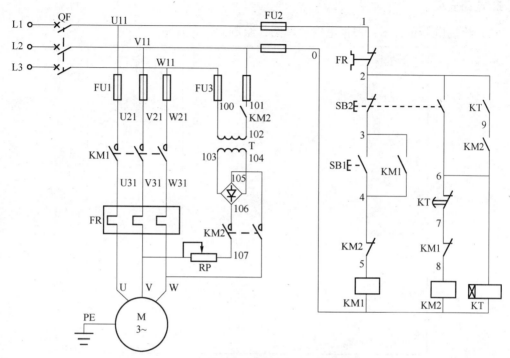

图 7-2-2　单相桥式整流能耗制动控制电路

工作过程：

启动过程：与单向连续运行电路无异，请自行分析。

停止过程：按停车按钮 SB2，接触器 KM1 失电，其主触点断开，三相电动机停车，SB2 按到底，接触器 KM2 和时间继电器 KT 线圈得电，KM2 常开触点闭合，将直流电源接入电动机的 V、W 两相，起制动作用，电动机转速迅速下降，KT 延时时间到，延时触点断开，KM2 失电，断开主电路的直流电源，能耗制动过程结束。

能耗制动的优点是制动准确平稳，能量消耗较小；缺点是需附加直流电源装置，设备费用较高，制动力较弱。因此，能耗只用于要求制动准确、平稳的场合。

直流电源估算步骤：

（1）测量三相电源进线中任意两根之间的电阻 $R(\Omega)$；

（2）测量电动机的进线空载电流 $I_0(A)$；

（3）能耗制动所需直流电流：

$$I_L = KI_0(A)$$

所需直流电压：

$$U_L = I_L R(V)$$

其中 K 是系数，一般取 3.5～4；

（4）单相桥式整流电源变压器二次电压和电流有效值为　$U_2 = U_L/0.9$（V），$I_2 = I_L/$

0.9(A)，变压器容量：$S = U_2 I_2$

如制动不频繁可取变压器容量可取（1/3~1/4）S；

（5）可调电阻 R_P 约为 2 Ω，电阻功率 $P_{RP} = IL^2 R_{RP}$。

2. 电路安装

（1）绘制电器布置图：根据电气原理图，绘制元器布置图。

（2）绘制电器元件安装接线图：根据电气原理图，绘制安装接线图。

（3）电路安装接线：在安装前，应检查元器件：所用元器件的外观应完整无损，附件、备件齐全，并用万用表检测元器件及电动机的参数是否符合要求。

在控制板上按布置图安装电器元件，并贴上醒目的文字标识，按接线图在控制板上进行线槽布线。

（4）通电前进行电路检测并排除故障。

（5）检测无误后可通电试车。

 任务评价

评价内容	操作要求	评价标准	配分	扣分
电路图识读	（1）正确识别控制电路中各种电器图形符号及功能； （2）正确分析控制电路工作原理	（1）电器图形符号不认识，每处扣1分； （2）电器元件功能不知道，每处扣1分； （3）电路工作原理分析不正确，每处扣1分	10	
装前准备	（1）器材齐全； （2）电器元件型号、规格符合要求； （3）检查电器元件外观、附件、备件； （4）用仪表检查电器元件质量	（1）器材缺少，每件扣1分； （2）电器元件型号、规格不符合要求，每件扣1分； （3）漏检或错检，每处扣1分	10	
元器件安装	（1）按电器布置图安装； （2）元件安装不牢固； （3）元件安装整齐、匀称、合理； （4）不能损坏元件	（1）不按布置图安装，扣10分； （2）元件安装不牢固，每只扣4分； （3）元件布置不整齐、不匀称、不合理，每项扣2分； （4）损坏元件，每只扣10分； （5）元件安装错误，每件扣3分	10	
导线连接	（1）按电路图或接线图接线； （2）布线符合工艺要求； （3）接点符合工艺要求； （4）不损伤导线绝缘或线芯； （5）套装编码套管； （6）软线套线鼻； （7）接地线安装	（1）未按电路图或接线图接线，扣20分； （2）布线不符合工艺要求，每处扣3分； （3）接点有松动、露铜过长、反圈、压绝缘层，每处扣2分； （4）损伤导线绝缘层或线芯，每根扣5分； （5）编码套管套装不正确或漏套，每处扣2分； （6）不套线鼻，每处扣1分； （7）漏接接地线，扣10分	40	
通电试车	在保证人身和设备安全的前提下，通电试验一次成功	（1）热继电器整定值错误或未整定扣5分； （2）时间继电器的延时时间未整定或整定错误扣5分； （3）主电路、控制电路配错熔体，各扣5分； （4）验电操作不规范，扣10分； （5）一次试车不成功扣5分，二次试车不成功扣10分，三次试车不成功扣15分	20	
工具、仪表使用	工具、仪表使用规范	（1）工具、仪表使用不规范每次酌情扣1～3分； （2）损坏工具、仪表扣5分	10	

评价内容	操作要求	评价标准	配分	扣分
故障检修	（1）正确分析故障范围； （2）查找故障并正确处理	（1）故障范围分析错误，从总分中扣5分； （2）查找故障的方法错误，从总分中扣5分； （3）故障点判断错误，从总分中扣5分； （4）故障处理不正确，从总分中扣5分	10	
技术资料归档	技术资料完整并归档	技术资料不完整或不归档，酌情从总分中扣3~5分	5	
安全文明生产	（1）要求材料无浪费，现场整洁干净； （2）工具摆放整齐，废品清理分类符合要求； （3）遵守安全操作规程，不发生任何安全事故。 如违反安全文明生产要求，酌情扣5~40分，情节严重者，可判本次技能操作训练为零分，甚至取消本次实训资格	20	
定额时间	180 min，每超时5 min扣5分		5	
开始时间	结束时间	实际时间	成绩	

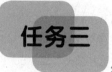

反接制动控制电路的安装与调试

任务三

任务实施

知识点学习　反接制动工作原理

反接制动是靠改变电动机定子绕组中三相电源的相序，产生一个与转子转动方向相反的电磁转矩，从而使电动机迅速停转。当电动机的转速接近于零时，应立即切断电源，否则电动机将反向起动。

反接制动工作原理如图 7-3-1 所示。

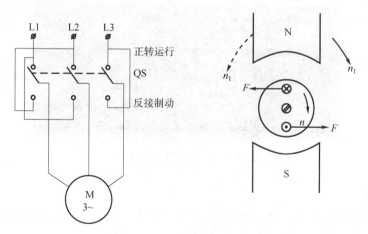

图 7-3-1　反接制动工作原理

知识点学习　速度继电器

反接制动工作原理如图 7-3-1 所示。

速度继电器是以转速为输入量的检测电器，能在被测转速升或降至某一预设值时输出开关信号，靠电磁感应原理实现触头动作，主要用于笼型异步电动机的反接制动控制，又称为反接制动继电器。

速度继电器原理示意图及符号如图 7-3-2 所示。

通常速度继电器动作转速为 120 r/min，复位转速在 100 r/min 以下。

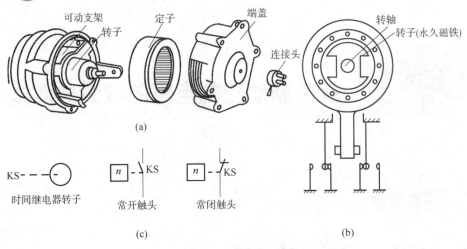

(a)

KS- - -○- 时间继电器转子

n - KS 常开触头

n - KS 常闭触头

(c)　　　　　　　　　　　　　　(b)

图 7-3-2　速度继电器原理示意图及符号

常用的速度继电器有 JY1 型和 JFZ0 型两种。其中 JY1 型可在 700~3 600 r/min 范围工作，JFZ0-1 型适用于 300~1 000 r/min，JFZ0-2 型适用于 1 000~3 000 r/min。速度继电器铭牌如图 7-3-3 所示。

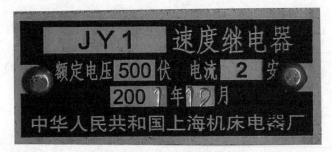

图 7-3-3　速度继电器铭牌

安装与选择

1）速度继电器的转轴应与电动机同轴连接。安装时，采用速度继电器的连接头与电动机转轴直接连接的方法，并使两轴中心线重合。

2）速度继电器的金属外壳应可靠接地。

3）主要根据电动机的额定转速来选择速度继电器。

1. 识读电路图

单向运行的反接制动控制电路如图 7-3-4 所示。

反接制动时，转子与旋转磁场的相对速度接近于 2 倍的同步转速，定子绕组中流过的反接制动电流相当于直接启动时电流的 2 倍，冲击很大。

为了减少冲击电流，通常对于笼型异步电动机的定子回路串接电阻来限制反接制动电流。反接制动电阻可以采用对称接法和不对称接法。对称接法在定子三相绕组中都串入制动电阻，不对称接法是只在两相绕组中串入制动电阻。

制动电阻的对称接法可以在限制制动转矩的同时，也限制制动电流。制动电阻的不对称接法在没有串入制动电阻的那一相，仍具有较大的电流，因此一般采用对称接法。

电动机定子绕组正常工作时的相电压为 380 V，若要限制反接制动电流不大于启动电流，如采用对称接法，则每相应串入的电阻值 $R = 1.5 \times 220/\text{Ist}$，Ist 为电动机直接启动的电流；如采用不对称接法，则电阻值应为对称接法电阻值的 1.5 倍。

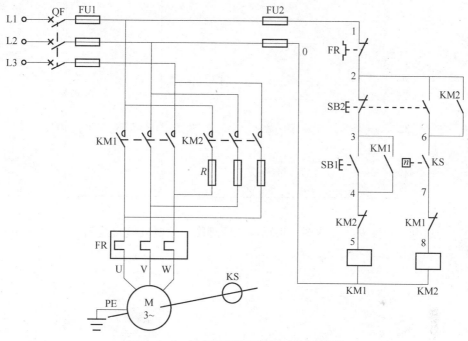

图 7-3-4　单向运行的反接制动控制电路

工作过程：

$n > 130$ r/min 时，速度继电器的触点动作（其常开触点闭合，常闭触点断开），当转速 $n < 100$ r/min 时，速度继电器的触点复位（其常开触点断开，常闭触点闭合）。利用速度继电器的常开触点，当转速下降到接近于 0 时，使 KM2 接触器断电，自动地将电源切除。在控制电路中停止按钮 SB2 用的是复合按钮。

反接制动的优点是制动力强、制动迅速，缺点是制动准确性差，制动过程中冲击力强，易损坏传动零件，且制动能量消耗较大。因此反接制动一般用于要求迅速制动、系统惯性较大、不经常起动与制动的场合。

2. 电路安装

（1）绘制电器布置图：根据电气原理图，绘制元器件安装布置图。

（2）绘制电器元件安装接线图：根据电气原理图，绘制安装接线图。

（3）电路安装接线。在安装前，应检查元器件：所用元器件的外观应完整无损，附件、备件齐全，并用万用表检测元器件及电动机的参数是否符合要求。

在控制板上按布置图安装电器元件，并贴上醒目的文字标识，按接线图在控制板上进行线槽布线。

（4）通电前进行电路检测并排除故障。

（5）检测无误后可通电试车。

任务评价

评价内容	操作要求	评价标准	配分	扣分
电路图识读	（1）正确识别控制电路中各种电器图形符号及功能； （2）正确分析控制电路工作原理	（1）电器图形符号不认识，每处扣1分； （2）电器元件功能不知道，每处扣1分； （3）电路工作原理分析不正确，每处扣1分	10	
装前准备	（1）器材齐全； （2）电器元件型号、规格符合要求； （3）检查电器元件外观、附件、备件； （4）用仪表检查电器元件质量	（1）器材缺少，每件扣1分； （2）电器元件型号、规格不符合要求，每件扣1分； （3）漏检或错检，每处扣1分	10	
元器件安装	（1）按电器布置图安装； （2）元件安装不牢固； （3）元件安装整齐、匀称、合理； （4）不能损坏元件	（1）不按布置图安装，扣10分； （2）元件安装不牢固，每只扣4分； （3）元件布置不整齐、不匀称、不合理，每项扣2分； （4）损坏元件，每只扣10分； （5）元件安装错误，每件扣3分	10	
导线连接	（1）按电路图或接线图接线； （2）布线符合工艺要求； （3）接点符合工艺要求； （4）不损伤导线绝缘或线芯； （5）套装编码套管； （6）软线套线鼻； （7）接地线安装	（1）未按电路图或接线图接线，扣20分； （2）布线不符合工艺要求，每处扣3分； （3）接点有松动、露铜过长、反圈、压绝缘层，每处扣2分； （4）损伤导线绝缘层或线芯，每根扣5分； （5）编码套管套装不正确或漏套，每处扣2分； （6）不套线鼻，每处扣1分； （7）漏接地线，扣10分	40	
通电试车	在保证人身和设备安全的前提下，通电试验一次成功	（1）热继电器整定值错误或未整定扣5分； （2）时间继电器的延时时间未整定或整定错误扣5分； （3）主电路、控制电路配错熔体，各扣5分； （4）验电操作不规范，扣10分； （5）一次试车不成功扣5分，二次试车不成功扣10分，三次试车不成功扣15分	20	
工具、仪表使用	工具、仪表使用规范	（1）工具、仪表使用不规范每次酌情扣1~3分； （2）损坏工具、仪表扣5分	10	
故障检修	（1）正确分析故障范围； （2）查找故障并正确处理	（1）故障范围分析错误，从总分中扣5分； （2）查找故障的方法错误，从总分中扣5分； （3）故障点判断错误，从总分中扣5分； （4）故障处理不正确，从总分中扣5分	10	
技术资料归档	技术资料完整并归档	技术资料不完整或不归档，酌情从总分中扣3~5分	5	

续表

评价内容	操作要求	评价标准	配分	扣分
安全文明生产	（1）要求材料无浪费，现场整洁干净； （2）工具摆放整齐，废品清理分类符合要求； （3）遵守安全操作规程，不发生任何安全事故。 如违反安全文明生产要求，酌情扣 5~40 分，情节严重者，可判本次技能操作训练为零分，甚至取消本次实训资格		20	
定额时间	180 min，每超时 5 min 扣 5 分		5	
开始时间		结束时间	实际时间	成绩

 项目八 搅拌电动机的现代控制
技术电路的设计与安装

★知识目标

1. 掌握博图软件的使用。

2. 掌握 PLC 基本指令的使用。

3. 掌握 PLC 时间继电器和计数器的使用。

4. 掌握主电路控制电路设计。

★技能目标

1. 能使用博图软件。

2. 能使用 PLC 对搅拌电动机进行控制。

3. 能根据接线图正确安装接线。

4. 会用万用表等仪器测量调试电路。

5. 能排除电路故障。

★职业素养目标

1. 规范操作,环保节约。

2. 具有劳动意识。

3. 具有团队合作意识。

4. 具有沟通表达能力。

5. 具有创新意识。

项目背景

电器元件具有一定的机械寿命，导致传统的继电器控制系统会存在一定的局限性；随着自动化程度的不断提高，先进的控制技术不断出现。将计算机的完备功能、灵活及通用的优点与传统的继电器控制系统简单易懂、操作方便和价格便宜等优点结合在一起，制成了一种适合于工业环境的通用控制器，可编程控制器（Programmable Logic Controller，PLC）。可编程控制器的出现，开创了工业控制的新局面。同学们将跟随老师一起，学习使用可编程控制器（PLC）完成搅拌电动机的控制电路设计与安装。

情景导入

在水处理、化工、建筑、制药和炼油等行业中，混合不同的液体是必不可少的环节，而这些行业中，工业现场经常不适合工人到现场操作，因此需要先进的控制技术完成液体的混合操作，考虑使用 PLC 完成对搅拌电动机的控制。

任务分析

液体的混合操作中，搅拌电动机的工作流程如下：正向运行 20 s，停止 5 s，反向运行 20 s，停 5 s，循环搅拌 5 次后搅拌工作结束。如果用 PLC 完成对搅拌电动机的控制，如何实现呢？

知识点学习 1　可编程控制器 PLC（S7-1200）介绍

S7-1200 PLC 是西门子公司的新一代小型 PLC，它将微处理器、集成电源、输入和输出电路集成在一起，形成功能强大的 PLC。它具有集成的 PROFINET 接口，强大的集成工艺功能和灵活的可扩展性等特点，为各种小型设备提供简单的通信和解决方案。

1. S7-1200 PLC 的硬件介绍

S7-1200 PLC 如图 8-1-1 所示，由 CPU 模块、信号模块、通信模块等部分组成。

CPU 模块将微处理器、电源、数字量输入/输出、模拟量输入/输出电路、PROFINET 以太网接口、高速运动控制功能集成在一起。PROFINET 以太网通信接口用于与编程计算机、HMI（人机界面）、其他 PLC 或者其他设备通信。

信号模块，数字量输入模块（DI）和数字量输出模块（DQ），模拟量输入模块（AI）和模拟量输出模块（AQ）统称为信号模块，简称 SM。信号模块安装在 CPU 模块的右侧，最多可以扩展 8 个信号模块，以增加数字量和模拟量的输入、输出点数。

通信模块，安装在 CPU 模块的左侧，最多可添加 3 块通信模块。有两种通信模块 RS232 和 RS485。

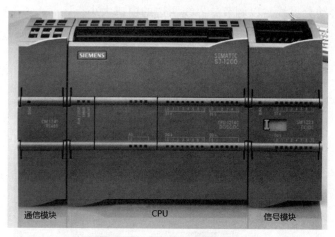

图 8-1-1　S7-1200PLC

2. S7-1200 PLC 编程软件介绍

全集成自动化（Totally Integrated Automation，TIA）博图 Portal 是西门子最新的全集成自动化软件平台，它将 PLC 编程软件、运动控制软件、可视化的组态软件集成在一起，形成功能强大的自动化软件。STEP 7（TIA Portal）V15 为用户提供两种视图：Portal 视图（见图 8-1-2）和项目视图（见图 8-1-3）。用户可以在两种不同的视图中选择一种最适合的视图，两种视图可以相互切换。

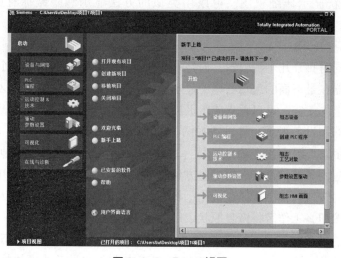

图 8-1-2　Portal 视图

（1）项目树。

项目视图的左侧为项目树（或项目浏览器），如图 8-1-4 所示，可以用项目树访问所有设备和项目数据，添加新的设备，编辑已有的设备，打开处理项目数据的编辑器。单击项目树右上角的按钮，项目树和下面的详细视图消失，同时在最左边的垂直条的上端出现按钮。单击它将打开项目树和详细视图。可以用类似的方法隐藏和显示右边的任务卡。

将鼠标的光标放到两个显示窗口的交界处，出现带双向箭头的光标时，按住鼠标的左键移动鼠标，可以移动分界线，以调节分界线两边的窗口大小。

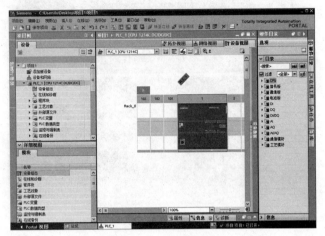

图 8-1-3　项目视图

（2）详细视图。

项目树窗口下面的区域是详细视图。详细视图显示项目树被选中的对象下一级的内容。详细视图显示的是项目树的"PLC变量"文件夹中的内容。详细视图中若为已打开项目中的变量，可以将此变量直接拖放到梯形图中。

单击详细视图左上角的按钮，详细视图被关闭，只剩下紧靠"Portal视图"的标题。单击该按钮将重新显示详细视图。可以用类似的方法显示和隐藏标有巡视窗口和信息窗口。

（3）工作区。

工作区可以同时打开几个编辑器，但是一般只能在工作区同时显示一个当前打开的编辑器。打开的编辑器在最下面的编辑器栏中显示。没有打开编辑器时，工作区是空的。

单击工具栏上的按钮，可以垂直或水平拆分工作区，同时显示两个编辑器。在工作区同时打开程序编辑器和设备视图，将设备视图中的CPU放大到200%以上，可以将CPU上的I/O点拖放到程序编辑器中指令的地址域，这样不仅能快速设置指令的地址，还能在PLC变量表中创建相应的条目。也可以用上述方法将CPU上的I/O点拖放到PLC变量中。单击工作区右上角上的按钮，将工作区最大化，将会关闭其他所有的窗口。最大化工作区后，单击工作区上角的按钮，工作区将恢复原状。

工作区显示的是硬件与网络编辑器的"设备视图"选项卡，可以组态硬件选中"网络视图"选项卡，将打开网络视图。可以将硬件列表中需要的设备或模块拖放到工作区的硬件视图和网络视图中，显示设备视图或网络视图时，有设备概览区或网络概览区。

（4）巡视窗口。

巡视窗口用来显示选中的工作区中的对象附加的信息，还可以用巡视窗口来设置对象的属性。巡视窗口有3个选项卡。①"属性"选项卡用来显示和修改选中的工作区中的对象的属性。左边窗口是浏览窗口，选中其中的某个参数组，在右边窗口显示和编辑相应的信息或参数。②"信息"选项卡显示已选对象和操作的详细信息，以及编译的报警信息。③"诊断"选项卡显示系统诊断事件和组态的报警事件。

（5）编辑器栏。

巡视窗口下面是编辑器栏，显示打开的所有编辑器，可以用编辑器栏在打开的编辑器之间快速地切换工作区显示的编辑器。

（6）任务卡。

任务卡的功能与编辑器有关，可以通过任务卡进行进一步的附加操作。例如从库或硬件目录中选择对象，搜索与替换项目中的对象，将预定义的对象拖放到工作区。

可以用最右边竖条上的按钮来切换任务卡显示的内容。图 8-1-4 所示任务卡显示的是硬件目录，任务卡下面的区域是选中的硬件对象的信息窗口，包括对象的图形、名称、版本号、订货号和简要的描述。

图 8-1-4　项目视图结构

3. 博图软件项目创建

软件操作

（1）双击编程软件图标 TIA Portal V15，进入创建界面，单击创建新项目，输入项目名称，单击创建按钮。如图 8-1-5 所示。

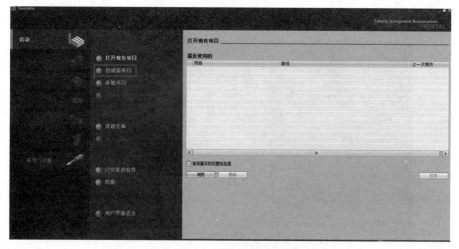

图 8-1-5　单击创建新项目

（2）选择组态设备（见图 8-1-6）

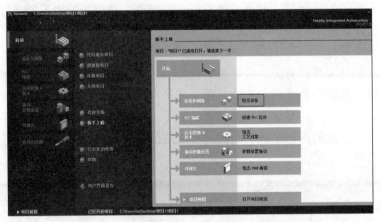

图 8-1-6　组态设备

（3）选择添加新设备（见图 8-1-7）。

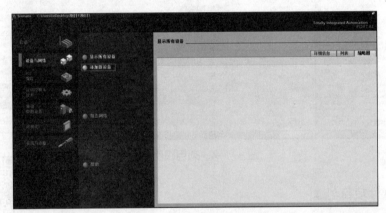

图 8-1-7　添加新设备

（4）选择控制器 S7-1200 PLC，展开 S7-1200 PLC，在 CPU 中，根据实际情况选择 S7-1214 DC/DC/DC，订货号 6ES7-212-1AE40-0AB0，固态版本 4.0，单击添加按钮（见图 8-1-8）。

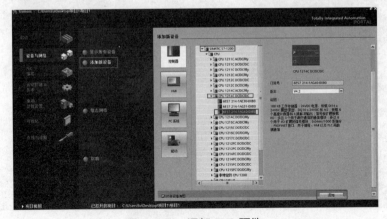

图 8-1-8　添加 PLC 硬件

（5）展开左侧项目树中的程序块，双击 Main OB1 主程序，进入编辑画面（见图 8-1-9）。

图 8-1-9　进入编程画面

（6）在程序中编辑简单程序，单击仿真按钮（见图 8-1-10），会弹出提示对话框，单击确定按钮，自动打开仿真器。

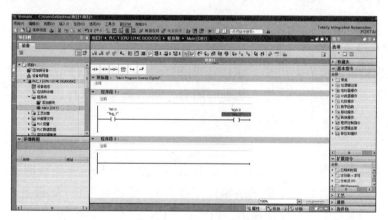

图 8-1-10　单击仿真按钮

（7）选择 PC/PC 接口类型和 PG/PC 接口以及接口子网连接，单击装载按钮会自动装载程序，装载完成后会弹出对话框选择，勾选全部启动按钮，单击完成即可。

（8）单击监控按钮，科技监控程序状态（见图 8-1-11、图 8-1-12）。

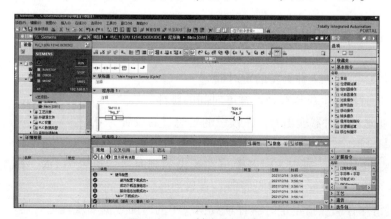

图 8-1-11　单击监控按钮

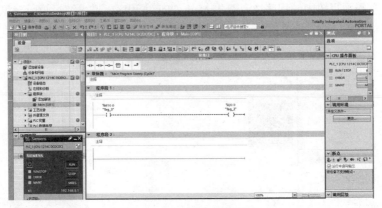

图 8-1-12　进入监控状态

选中需要更改的变量右键修改为 1 即可接通，再次选中变量右键修改为 0 即断开。

知识点学习 2　位逻辑指令

1. 常开触点与常闭触点

常开触点在指定的位为 1 状态（TRUE）时闭合，为 0 状态（FALSE）时断开。常闭触点在指定的位为 1 状态时断开，为 0 状态时闭合。两个触点串联将进行"与"运算，两个触点并联将进行"或"运算。

2. 线圈指令

线圈指令为输出指令，是将线圈的状态写入到指定的地址。驱动线圈的触点电路接通时，线圈流过"能流"指定位对应的映像寄存器为 1，反之则为 0。如果是 Q 区地址，CPU将输出的值传送给对应的过程映像输出，PLC 在 RUN（运行）模式时，接通或断开连接到相应输出点的负载。输出线圈指令可以放在梯形图的任意位置，变量类型为 BOOL 型。输出线圈指令既可以多个串联使用，也可以多个并联使用。

取反线圈中间有"/"符号，如果有能流经过取反线圈，则输出位为 0 状态，其常开触点断开，反之输出为 1 状态，其常开触点闭合。

知识点学习 3　定时器指令

S7-1200 PLC 提供了 4 种类型的定时器。

TP：脉冲定时器可生成具有预设宽度时间的脉冲。

TON：接通延迟定时器输出 Q，在预设的延时过后设置为 ON。

TOF：关断延迟定时器输出 Q，在预设的延时过后重置为 OFF。

TONR：保持型接通，延迟定时器输出在预设的延时过后设置为 ON。在使用 R 输入重置经过的时间之前，会跨越多个定时时段一直累加经过的时间。

RT：通过清除存储在指定定时器背景数据块中的时间数据来重置定时器。

每个定时器都使用一个存储在数据块中的结构来保存定时器数据。在编辑器中放置定时器指令时即可分配该数据块。在功能块中放置定时器指令后，可以选择多重背景数据块选项，各数据结构的定时器结构名称可以不同，但定时器数据包含在单个数据块中，从而无须每个定时器都使用一个单独的数据块。这样可减少处理定时器所需的处理时间和数据存储空间。在共享的多重背景数据块中的定时器数据结构之间不存在交互作用。

1. 脉冲定时器

脉冲定时器指令：当 IN 管脚接通一次，Q 将输出预设的一段时间。时间单位可以是 MS/S/M/H/D 等，当输入端 IN 的输入信号从"0"变为"1"时，启动脉冲定时器。指令启动时预设的时间 PT 从零开始向上计时直至达到设定时间后自动清零，ET 用来存储定时器的当前时间。无论后续输入信号的状态如何变化，Q 点的输出都不会发生变化，达到预设时间后 Q 输出点自动断开。当 IN 的信号再次接通时 Q 输出点又保持输出一段时间自动断开。如图 8-1-13~图 8-1-15 所示。

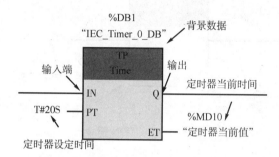

图 8-1-13　TP 指令

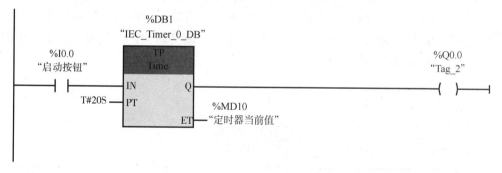

图 8-1-14　脉冲定时器程序

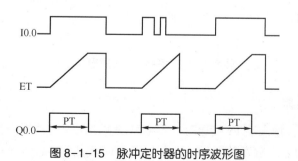

图 8-1-15　脉冲定时器的时序波形图

控制原理：当按下 I0.0 按钮，输入端 IN 接通，输出端 Q 立即输出 Q0.0，工作定时器开始计时，ET 显示定时器的当前时间，使用双字的存储区进行存储，当前时间从零开始向上计时，达到设定时间后 Q 点停止输出，定时当前时间自动清零。

2. 接通延时定时器

接通延时定时器指令：当输入端 IN 保持接通时，启动 TON 定时器。指令启动时，开始计时。当前时间 ET 大于等于预设定值 PT 时，输出端 Q 的信号状态将变为"1"，只要输入端 IN 仍保持为"1"，输出端 Q 就保持接通。输入的信号 IN 状态从"1"变为"0"时，将停止输；再次检测到输入端 IN 接通时，该定时器功能将再次启动进行计时，如果计时期间 IN 管脚从"1"变为"0"，定时器的当前时间 ET 会自动清零。如图 8-1-16 所示。

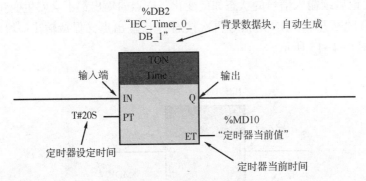

图 8-1-16 TON 指令

控制原理：当按下启动按钮 I0.0，输入端 IN 接通完成自锁，如果没有自锁触点定时器将无法保持计时，当定时器的当前值 ET 达到设定时间 20 s 时，输出端 Q 立即输出，指示灯工作并保持，当按下停止按钮 I0.1 时，定时 IN 断开，自锁触点断开，指示灯熄灭。ET 显示定时器的当前时间，使用双字的存储区进行存储，IN 断开时当前时间自动清零。如图 8-1-17~图 8-1-18 所示。

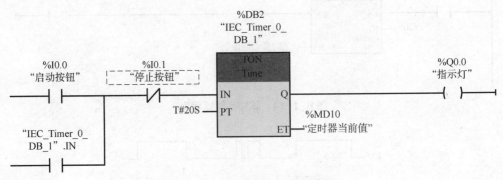

图 8-1-17 接通延时定时器程序

3. 关断延时定时器

关断延时定时器：输入端 IN 接通时，不会触发关断延定时器指令，只有输入端 IN 状态从"1"变为"0"时才会触发关断延时指令；当定时器接通时输出端 Q 会立即输出并保持，

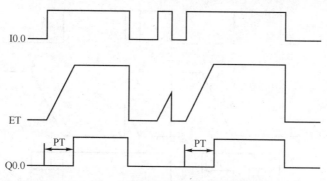

图 8-1-18 接通延时定时器的时序波形图

当输入端 IN 由接通变为断开时触发关断延时指令定时器开始计时，当计时时间达到 PT 的设定时间时，Q0.0 会自动停止输出，当前时间 ET 会保持设定时间。

注意：TOF 关断延时通电时不起作用，只有从接通到断开时才触发关断延时指令。如图 8-1-19~图 8-1-21 所示。

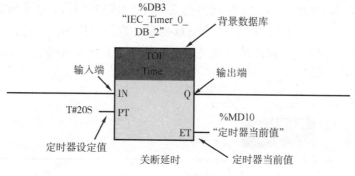

图 8-1-19 TOF 指令

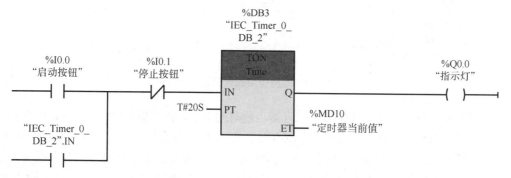

图 8-1-20 关断延时定时器程序

控制原理：当按下启动按钮 I0.0 时，输入端 IN 接通并自锁，Q0.0 立即输出指示灯亮；当按下停止按钮 I0.1 时，输入端 IN 断开，但是 Q0.0 不会立即停止，而是延时 20 s 后自动熄灭。

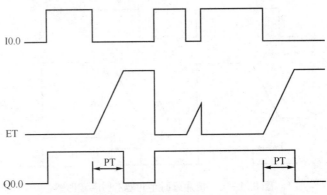

图 8-1-21　断电延时定时器的时序波形图

4. 保持型接通延时定时器

时间累加器：输入端 IN 接通时，时间累加器开始计时。输入端 IN 断开时定时器的当前时间 ET 保持当前时间不被清零。当输入端 IN 再次接通时当前时间进行累计，累计得到的时间写入到当前时间 ET 中。当当前时间值达到 PT 的设定时间后，Q 点输出并保持，即使输入端 IN 的状态从"1"变为"0"，输出端 Q 也是一直保持接通；当复位端 R 的信号接通时，当前时间 ET 会被清零，输出端 Q 也立即停止输出。如图 8-1-22、图 8-1-23 所示。

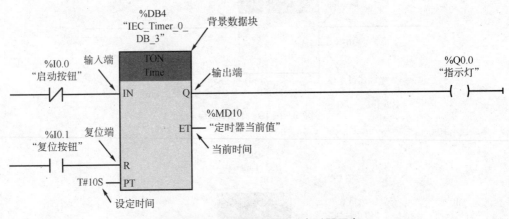

图 8-1-22　保持型接通延时定时器程序

控制原理：按下启动按钮 I0.0，定时器当前时间 ET 不断增加；断开启动按钮 I0.0，定时器当前时间 ET 保持不变，再次接通 I0.0 时，定时器的当前时间 ET 在原有基础上不断增加，如果当前时间 ET 大于或等于设定时间 PT 时，定时器输出端 Q 接通，并保持接通状态，指示灯点亮，只有当复位端 I0.1 接通时，定时器的当前时间被复位为 0，定时器输出端断开，指示灯灭。

知识点学习4　计数器指令

S7-1200 PLC 提供了 3 种类型的计数器

CTU 是加计数器；CTD 是减计数器；CTUD 是加减计数器。

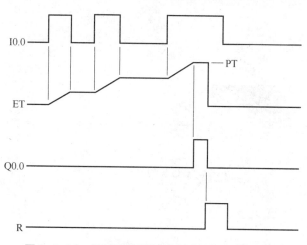

图 8-1-23　保持型接通延时定时器的时序波形图

每个计数器都使用数据块中存储的结构来保存计数器数据。当调用计数器指令时分配相应的数据块。这些指令使用软件计数器，软件计数器的最大计数速率受其所在的 OB 的执行速率限制。指令所在的 OB 的执行频率必须足够高，以检测 CU 或 CD 输入的所有跳变。

与定时器类似，使用 S7-1200 PLC 的计数器时，每个计数器需要使用一个存储在数据块中的结构来保存计数器数据。在程序编辑器中放置计数器即可分配该数据块，可以采用默认设置，也可以手动自行设置。

使用计数器需要设置计数器的计数数据类型，计数值的数据范围取决于所选的数据类型。如果计数值是无符号整型数，则可以减计数到零或加计数到范围限值。如果计数值是有符号整数，则可以减计数到负整数限值或加计数到正整数限值。

1. 加法计数器

在调用计数器指令时会自动生成一个背景数据块，背景数据块名称可以更改也可以保存默认名称。背景数据块里面存储的是关于计数器里面的数据如计数器的当前值和输出信号等。计数器的 CU/R/PV/Q/CV 都是全局变量，可以在程序里面进行重复调用。

CU 端是脉冲输入端，当 CU 的信号状态从"0"变为"1"（断开到接通）时，触发该指令，CV 的计数器值加 1。每检测到一个 CU 的信号上升沿，计数器值就会加 1。

Q 是输出端，输出 Q 的信号状态由参数 PV 决定。如果计数器当前值大于或等于设定端 PV 的值，则将输出 Q 的信号状态置位为"1"并保持输出。

R 是复位端，当 R 信号接通时 CV 当前值被清零，输出端 Q 被复位停止输出。如果输入复位 R 的信号状态保持为"1"，当输入 CU 信号接通时则不会进行加计数。

控制原理：当按下按钮 I0.0 时 CU 端接通，计数器当前值 CV 加 1，再次按下按钮 I0.0 时计数器当前值再次加 1，当按下第 5 次按钮时 Q 点输出电动机工作并保持；当按下按钮 I0.1 时，复位端 R 接通，加计数器复位，当前值 CV 清零 Q 点停止输出，电机 1 停止工作。如图 8-1-24、图 8-1-25 所示。

注意：当前值 CV 大于或等于设定值 PV 时，Q 输出会一直保持。

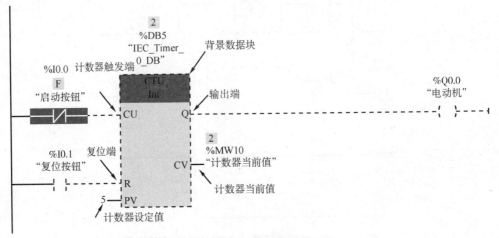

图 8-1-24 加计数器程序

2. 减法计数器

在使用减计数指令 CTD 前需先进行装载 LD，才可以使用减计数指令向下进行减计数操作。如果输入端 CD 的信号状态从"0"变为"1"（断开到接通），则触发该指令，CV 的当前计数器值向下减 1。每检测到一个 CD 的信号上升沿，计数器值就会向下加 1。

Q 是输出信号，输出 Q 的信号状态由参数 PV 决定。如果计数器当前值小于或等于 0，则将输出 Q 的信号状态置位为"1"并保持输出，当装载端 LD 信

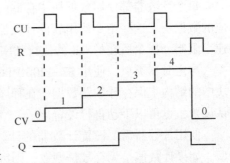

图 8-1-25 加计数器时序波形图

号从"0"变为"1"时，把计数器设定值 CV 装载到当前值 PV 里面，输出端 Q 被复位停止输出。如果 LD 装载信号状态保持为"1"，输入 CD 信号接通则不会进行减计数。

控制原理：按下按钮 I0.1，首先对减计数指令进行装载，即是把设定值装载到当前值里面，然后进行减计数；按下按钮 I0.0，CD 端接通，计数器当前值减 1，每按下一次按钮 I0.0，计数器当前值就减 1，当计数器当前值减至 0 时，输出端 Q 输出，电动机工作并保持，当按下按钮 I0.1 进行装载 LD，输出端 Q 停止输出。如图 8-1-26、图 8-1-27 所示。

注意：当前值 CV 小于或等于 0 时 Q 输出会一直保持。

3. 加减计数器

加减计数器指令是加和减计数器的组合指令，控制原理与加减计数器指令一样。

控制原理：加计数（CU 端）或减计数（CD 端）输入的值从 0 跳变为 1 时，CTUD 会使计数值加 1 或减 1。如果参数 CV（当前计数值）的值大于或等于参数 PV（预设值）的值，则计数器输出参数 QU = 1。如果参数 CV 的值小于或等于零，则计数器输出参数 QD = 1。如果参数 LOAD 的值从 0 变为 1，则参数 PV（预设值）的值将作为新的 CV（当前技术值）装载到计数器。如果复位参数 R 的值从 0 变为 1，则当前计数值复位为 0。如图 8-1-28、图 8-1-29 所示。

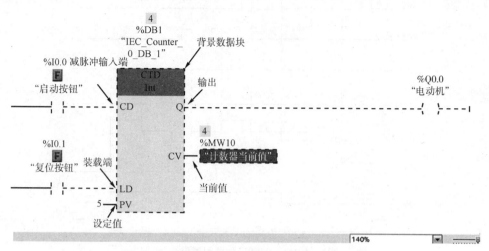

图 8-1-26　减计数器程序

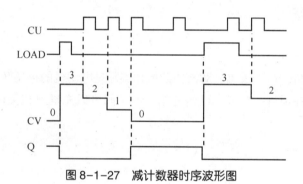

图 8-1-27　减计数器时序波形图

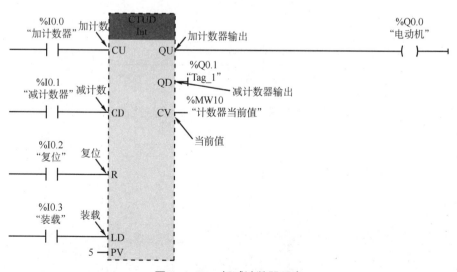

图 8-1-28　加减计数器程序

173

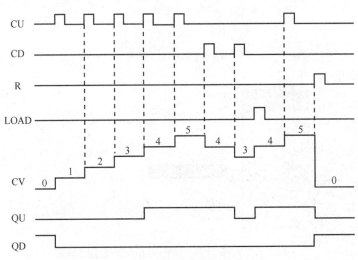

图 8-1-29　加减计数器时序波形图

1. 主电路设计

通过对任务的分析，可以看出，对液体的搅拌实际是电动机的正反转，关于电动机正反转主电路的设计，我们在项目一任务三已经介绍，同学们可以先复习相关内容。如图 8-1-30 搅拌机正反转主电路图。

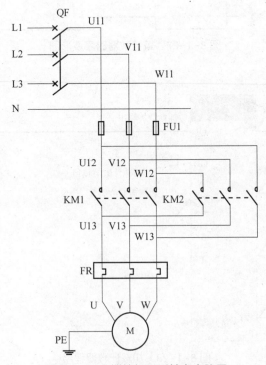

图 8-1-30　搅拌机正反转主电路图

2. 控制电路设计

（1）输入/输出地址分配（I/O 分配）。

根据 PLC 输入/输出点分配原则及控制要求，对搅拌电动机 PLC 控制进行 I/O 地址分配，如表 8-1 所示。

表 8-1 搅拌电动机 PLC 控制 I/O 地址分配

输入		输出	
输入继电器	元件	输出继电器	元件
I0.0	搅拌电动机启动按钮 SB1	Q0.0	搅拌电动机正转接触器 KM1
I0.1	搅拌电动机启动按钮 SB2	Q0.1	搅拌电动机正转接触器 KM2
I0.2	搅拌电动机过载 FR		

（2）硬件原理图。

根据控制要求及表 8-1 的 I/O 地址分配表，搅拌电动机的 PLC 控制原理图如图 8-1-31 所示。

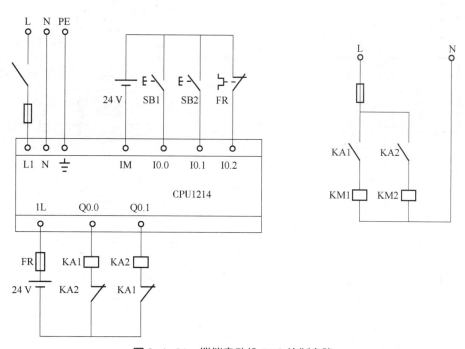

图 8-1-31　搅拌电动机 PLC 控制电路

在很多 PLC 的工业应用现场，为了保护 PLC，常将高电压等级的负载与 PLC 通过低电压直流中间继电器隔离，无论是继电器型输出或是直流型输出，PLC 均采用图 8-1-31 所示的接法。

（3）创建工程项目。

用鼠标双击桌面上的博图编程软件的图标，打开博途编程软件，在 Portal 视图中选择"创建新项目"，输入项目名称"搅拌电动机控制"，选择项目保存路径，然后单击"创建"按钮创建项目完成，并进行项目的硬件组态。

（4）编辑变量表。

搅拌电动机的 PLC 控制变量表如图 8-1-32 所示。

		名称	数据类型	地址	保持	可从 ...	从 H...	在 H...	注释
1		搅拌电动机起动按钮SB1	Bool	%I0.0		☑	☑	☑	
2		搅拌电动机停止按钮SB2	Bool	%I0.1		☑	☑	☑	
3		搅拌电动机过载FR	Bool	%I0.2		☑	☑	☑	
4		搅拌电动机正转接触器KM1	Bool	%Q0.0		☑	☑	☑	
5		搅拌电动机反转接触器KM2	Bool	%Q0.1		☑	☑	☑	
6		<添加>				☑	☑	☑	

图 8-1-32　搅拌电动机的 PLC 控制变量表

（5）编写用户程序。

搅拌电动机 PLC 用户程序，如图 8-1-33 所示。

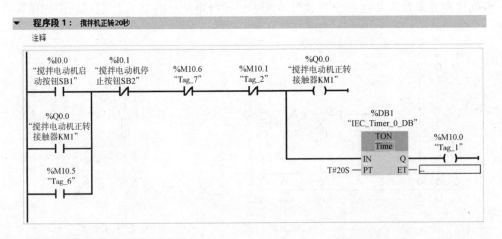

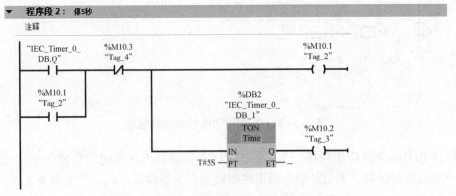

图 8-1-33　搅拌电动机的 PLC 控制程序

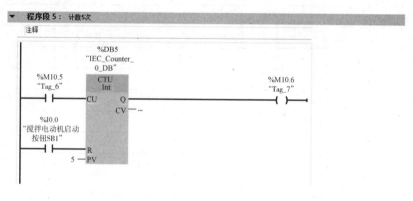

图 8-1-33 搅拌电动机的 PLC 控制程序（续）

（6）程序调试。

使用程序状态功能，可以在程序编辑器中形象直观地监视梯形图程序的执行情况，触点和线圈的状态一目了然。但是程序状态功能只能在屏幕上显示一个或几个程序段。甚至只显示一个程序段的部分，调试较大的程序时，往往不能同时看到与某一程序功能有关的全部变量的状态。

监控表可以有效地解决上述问题。使用监控表可以在工作区同时监控、修改和强制用户感兴趣的全部变量。一个项目可以生成多个监控表，以满足不同的调试要求。

监控表可以赋值或显示的变量包括过程映像（I 和 Q）、物理输入和物理输出、位存储器 M 和数据块 DB 内的存储单元。

 安装与调试

请同学们根据电气原理图，选择适合型号的低压电器填在表 8-2 中。

表 8-2　电器元件明细表

符号	名称	规格型号	数量

在安装前，应检查元器件：所用元器件的外观应完整无损，附件、备件齐全，并用万用表检测元器件及电动机的参数是否符合要求。

3. 电路安装

（1）绘制电器布置图：请根据电气原理图，绘制电器布置图。

固定电气元件和走线槽。

（1）在控制板上进行板前线槽配线，并在导线端部套编码管。

（2）进行控制板外的电气元件固定和布线。首先应选择合理的导线走向，做好导线通道的支持准备；其次控制箱外导线的线头必须套装与电路图相同线号的编码管，可移动导线通道应留出适当的余量；最后按规定在通道内放好备用导线。

（3）自检：检查接线有无松动，有无错接、漏接等现象，并用万用表欧姆挡分别测量控制电路和主电路，是否具备正常的通断功能。

通电调试。

（1）将主电路电源断开，接通控制电路电源，检查控制电路的控制逻辑是否与控制要求一致。

（2）接通电源，点动控制各电动机的起动，检查各电动机转向是否符合要求，机械部分运转是否正常。

（3）无负荷调试。空转试机时，应观察各电器元件、线路、电动机及传动装置的工作是否正常。发现异常，应立即断电检查，待故障排除后方可再次通电试机。

（4）带负荷调试。一方面观察设备带负载后是否有其他情况发生；另一方面不断调整时间继电器和热继电器的整定值，使之与生产要求相适应。

 任务评价

评价内容	操作要求	评价标准	配分	扣分
电路图识读	（1）正确识别控制电路中各种电器图形符号及功能； （2）正确分析控制电路工作原理	（1）电器图形符号不认识，每处扣1分； （2）电器元件功能不知道，每处扣1分； （3）电路工作原理分析不正确，每处扣1分	10	
装前准备	（1）器材齐全； （2）电器元件型号、规格符合要求； （3）检查电器元件外观、附件、备件； （4）用仪表检查电器元件质量	（1）器材缺少，每件扣1分； （2）电器元件型号、规格不符合要求，每件扣1分； （3）漏检或错检，每处扣1分	10	

评价内容	操作要求	评价标准	配分	扣分
元器件安装	（1）按电器布置图安装； （2）元件安装不牢固； （3）元件安装整齐、匀称、合理； （4）不能损坏元件	（1）不按布置图安装，扣10分； （2）元件安装不牢固，每只扣4分； （3）元件布置不整齐、不匀称、不合理，每项扣2分； （4）损坏元件，每只扣10分； （5）元件安装错误，每件扣3分	10	
导线连接	（1）按电路图或接线图接线； （2）布线符合工艺要求； （3）接点符合工艺要求； （4）不损伤导线绝缘或线芯； （5）套装编码套管； （6）软线套线鼻； （7）接地线安装	（1）未按电路图或接线图接线，扣20分； （2）布线不符合工艺要求，每处扣3分； （3）接点有松动、露铜过长、反圈、压绝缘层，每处扣2分； （4）损伤导线绝缘层或线芯，每根扣5分； （5）编码套管套装不正确或漏套，每处扣2分； （6）不套线鼻，每处扣1分； （7）漏接地线，扣10分	40	
通电试车	在保证人身和设备安全的前提下，通电试验一次成功	（1）热继电器整定值错误或未整定扣5分； （2）时间继电器的延时时间未整定或整定错误扣5分； （3）主电路、控制电路配错熔体，各扣5分； （4）验电操作不规范，扣10分； （5）一次试车不成功扣5分，二次试车不成功扣10分，三次试车不成功扣15分	20	
工具、仪表使用	工具、仪表使用规范	（1）工具、仪表使用不规范每次酌情扣1~3分； （2）损坏工具、仪表扣5分	10	
故障检修	（1）正确分析故障范围； （2）查找故障并正确处理	（1）故障范围分析错误，从总分中扣5分； （2）查找故障的方法错误，从总分中扣5分； （3）故障点判断错误，从总分中扣5分； （4）故障处理不正确，从总分中扣5分	10	
技术资料归档	技术资料完整并归档	技术资料不完整或不归档，酌情从总分中扣3~5分	5	
安全文明生产	（1）要求材料无浪费，现场整洁干净； （2）工具摆放整齐，废品清理分类符合要求； （3）遵守安全操作规程，不发生任何安全事故。 　　如违反安全文明生产要求，酌情扣5~40分，情节严重者，可判本次技能操作训练为零分，甚至取消本次实训资格		20	
定额时间	180 min，每超时5 min扣5分		5	
开始时间		结束时间		实际时间	成绩

参考文献

[1] 唐惠龙. 电机与电气控制技术项目式教程 [M]. 北京：机械工业出版社，2020.

[2] 田淑珍. 电机与电气控制技术 [M]. 北京：机械工业出版社，2019.

[3] 蒋祥龙. 电气控制技术项目化教程 [M]. 北京：机械工业出版社，2020.

[4] 姚锦卫. 电气控制技术项目教程 [M]. 北京：机械工业出版社，2020.

[5] 颜玉玲. 电气控制线路设计、安装与调试项目教程 [M]. 北京：机械工业出版社，2021.

[6] 许晓峰. 中级维修电工 [M]. 北京：高等教育出版社，2004.

[7] 马玉春. 电机与电气控制 [M]. 北京：北京交通大学出版社，2010.

[8] 商福恭. 电工识读电气图技巧 [M]. 北京：中国电力出版社，2006.

[9] 李敬梅. 电力拖动控制电路与技能训练 [M]. 5 版. 北京：中国劳动社会保障出版社，2014.

[10] 王建. 电气控制电路安装与检修 [M]. 北京：中国劳动社会保障出版社，2007.

[11] 何焕山. 工厂电气控制设备 [M]. 北京：高等教育出版社，2005.

[12] 人力资源和社会保障部教材办公室. 维修电工 [M]. 北京：中国劳动社会保障出版社，2014.

[13] 廖常初. S7-1200PLC 编程与应用项目教程 [M]. 北京：机械工业出版社，2015.

[14] 侍寿永. 西门子 S7-1200PLC 编程与应用项目教程 [M]. 北京：机械工业出版社，2018.